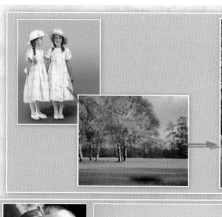

◀将一幅图像中的人物合成到另一幅图像中（第1章）

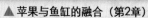

▲苹果与鱼缸的融合（第2章）

▲制作有运动残影效果的翅膀（第2章）

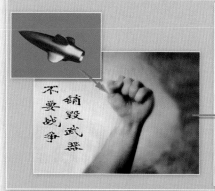

◀使用液化滤镜使炮弹变形（第2章）

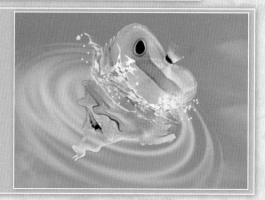

▲使用水波滤镜制作鱼儿入水（第2章）

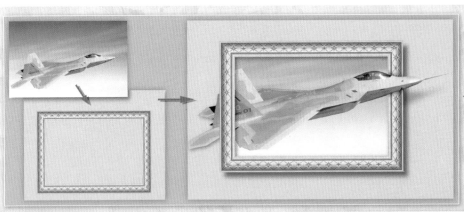

▼制作一幅图像穿越另一幅图像的效果(第2章)

▼弯曲图像（第3章）

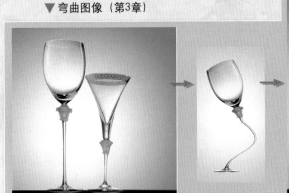 

▲制作各种特效字（第4章）

▶城市与海底合成（第5章）

◀在鸡蛋上打孔插花（第5章）

Photoshop CC

天空之城▶
（第5章）

▲闯入陆地的轮船（第5章）

◀人造水面
（第5章）

▲合成建筑效果图（第5章）

篮球中的人头（第5章）▶

▼黑白照片上色（第5章）

▲ 美化照片（第5章）

▲ 婚纱换头术（第5章）

▲ 合成婚纱照（第5章）

Photoshop CC

手绘易拉罐和
高脚杯（第6章）

手绘金钱豹
（第6章）

▲ 人物彩绘（第6章）

Photoshop CC

人物彩绘（第6章）▶

手绘口红与指甲油瓶（第6章）▼

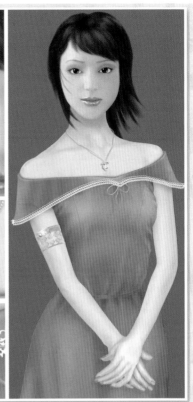

▲ 方形苹果（第7章）

▲ 长眼睛的鸡蛋（第7章）

▲ 变成鞋子的芒果（第7章）

▲ 石雕花盆变金盆（第7章）

▲ 石头容器中的猫（第7章）

▲ 夏日酷酷爽（第7章）

▲ 银行联网（第7章）

▲ 智慧结晶（第7章）

▲ 逃出画框的动物（第7章）

▲ 切段的刺猬（第7章）

▲ 烘托画面的气氛（第7章）

解密Photoshop CC——经典案例与实用技巧

高军锋　编著

清华大学出版社

北　京

内 容 简 介

本书选用在生活、工作中常见的实用案例，带你走进Photoshop的殿堂，即使对Photoshop陌生的读者，也可以通过学习本书掌握它并创作出精美的图像。本书共分7章，从几分钟就能完成的简单实例开始，通过一个个由浅入深的例子讲解图层、蒙版、滤镜的操作技巧，以及调整图像的色彩、特效字的制作、图像的合成、图像特殊效果的制作、电脑手绘的方法等内容，轻松掌握Photoshop的各种操作技巧和图像创意的方法。书中的实例效果新颖、实用，可以应用到多种领域。

本书配有一张DVD多媒体教学光盘，以视频讲解的方式演示Photoshop的基础操作，帮助读者快速掌握Photoshop的操作技巧。光盘中还附有学习本书实例需要的图像素材。

本书是广大初、中级读者快速学习Photoshop的指导书，还可作为社会培训机构、高等院校平面设计专业的教材。

本书封面贴有清华大学出版社防伪标签，无标签者不得销售。

版权所有，侵权必究。侵权举报电话：010-62782989　13701121933

图书在版编目(CIP)数据

解密 Photoshop CC——经典案例与实用技巧/高军锋编著. --北京：清华大学出版社，2015（2017.10 重印）

ISBN 978-7-302-38102-0

Ⅰ.①解…　Ⅱ.①高…　Ⅲ.①图像处理软件—教材　Ⅳ.①TP391.41

中国版本图书馆CIP数据核字(2014)第224380号

责任编辑：李玉萍　宋延清
封面设计：杨玉兰
责任校对：王　晖
责任印制：刘祎淼

出版发行：清华大学出版社
　　　　网　　　址：http://www.tup.com.cn，http://www.wqbook.com
　　　　地　　　址：北京清华大学学研大厦 A 座　　　　邮　　　编：100084
　　　　社 总 机：010-62770175　　　　邮　　　购：010-62786544
　　　　投稿与读者服务：010-62776969，c-service@tup.tsinghua.edu.cn
　　　　质 量 反 馈：010-62772015，zhiliang@tup.tsinghua.edu.cn
印 装 者：北京亿浓世纪彩色印刷有限公司
经　　销：全国新华书店
开　　本：185mm×260mm　印　张：20.5　插页：4　字　数：360 千字
　　　　（附 DVD1 张）
版　　次：2015 年 3 月第 1 版　　　　印　　次：2017 年 10 月第 2 次印刷
印　　数：3001～4000
定　　价：72.00 元

产品编号：060173-01

前　言

12年前我第一次接触电脑，那时我连电脑的启动和开机都不知该怎样操作。后来遇到一个在广告公司工作的好友，他用不到2分钟的时间，给我演示了如何为图像添加柔焦效果，并修饰了图像中人物衣服的颜色，一幅普通的图像顿时变得光彩照人。我当时不禁惊叹道："这简直就是奇迹，真不可想象啊！"从那以后，我便像着了魔一样迷上了Photoshop。

Photoshop已在图像处理、平面设计领域独领风骚十几年，越来越多的人开始学习它。但是大部分人都在无奈地啃着枯燥的Photoshop教材，还经常遇到做不出来的实例，屡屡发出感慨："想学个软件怎么这么难啊！"

为了改善读者的学习状况，本着易学实用、尽可能详细地讲解Photoshop的各种技巧的宗旨，我编写了这本配有一张DVD教学光盘的Photoshop学习图书。光盘中用视频演示了Photoshop的基础操作，并配有语音讲解，使读者尽可能快速地掌握Photoshop的各种操作技巧。

即使没有接触过Photoshop的读者也不用担心，本书将从最简单的小实例讲起。当你亲手完成了那些小实例后，一定会对Photoshop更加感兴趣。兴趣是最好的老师，在兴趣的带领下，你将能够很快地掌握书中各种精彩实例的制作方法，进而成为图像设计的行家里手。

我们在工作中常会看到这种情况：很多人可以熟练地操作Photoshop的每一个命令，似乎对Photoshop了如指掌，但在想让图像实现某种效果时却力不从心，达不到心中想要的效果。因此，一个人的设计能力并不能用"会操作多少个命令"来衡量，只有将这些命令融会贯通，掌握其核心原理，才能得心应手地用好这个软件。因此，本书所挑选的实例中，很多都注意多个处理命令的配合使用，这样既可以开拓设计图像者的思路，又能使读者对软件有更深刻、更系统的了解，从而更好地控制图像的最终效果。唯有这样，当灵感闪现的时候，才能将图像按照心中所想的进行升华，使整个作品焕发出奇异的光彩。

　　本书选择的实例涵盖了Photoshop在多个领域的应用，有很强的实用性。在制作实例的过程中，不但告诉读者怎么做，还告诉读者为什么这么做。

　　综上所述，这是一本追求易学实用、努力教会读者制作各种图像效果并开拓设计思路的Photoshop学习用书。在本书的配套光盘中，为广大读者提供了制作本书实例所需的图像素材和配有语音讲解的视频教程。

　　本书是广大初、中级读者快速启蒙入门的自学指导用书；也可作为社会上各种平面设计培训班、高等院校平面设计专业的教材使用。

目　　录

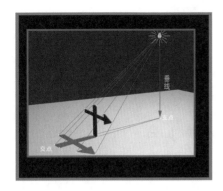

第4章　制作特效字

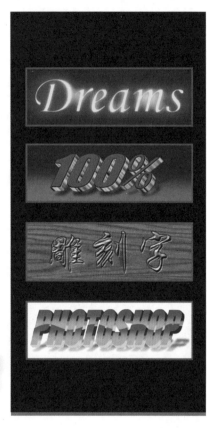

第5章　合成图像

第6章　手绘功夫

第 7 章　创意圣堂

第1章　从零开始

"我知道Photoshop是电脑上的图像处理软件，它的最新版本是Photoshop CC。我很想学会它。但是不知道在学习之前要具备哪些必要的基础知识，也不知到它到底有多难学？"

"Photoshop并不要求使用者具备哪方面的专业基础，而是一个人人都能使用的大众软件。许多人没有用过Photoshop，但有谁没在纸上涂抹过？有谁没有用剪刀拼接图片的经历？Photoshop最基本的功能就是画图和剪接图片，软件中也有类似生活中铅笔、毛笔、剪刀一样的工具，所以学习它是很容易的。"

"听了您的介绍，我更加跃跃欲试。我们从哪儿开始学起呢？"

"本章从初次接触Photoshop讲起。实例是用Photoshop的画笔工具画一幅简单的画，用色彩调整工具改变图像的颜色等。这些例子虽然简单，却能通过它们来初识Photoshop，体会一下它的人性化操作和强大的图像处理功能。"

1.1　我的处女作——畅游大海

"本节内容面向没有使用过Photoshop的初学者，使用软件的（油漆桶）工具、（铅笔）工具、（椭圆选框）工具绘制一幅图画，如图1.1所示。你会感觉到Photoshop绘图工具就像日常生活中的工具一样简单好用。"

图1.1　大海中畅游

1.1.1 操作步骤

步骤01 启动Photoshop。如果你的电脑里安装了Photoshop CC，那么在桌面上双击 图标即可启动Photoshop，它的界面如图1.2所示。如果界面不是这个样子，在菜单栏中选择【窗口】|【工作区】|【复位调板位置】即可。

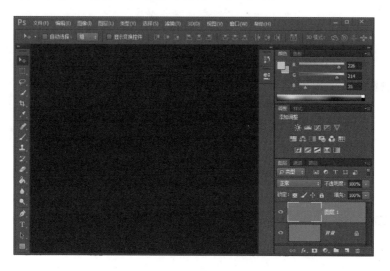

图1.2　Photoshop CC的操作界面

注意：Photoshop的传统操作界面的颜色是浅灰色，而新版本Photoshop CC的操作界面的默认色改变成了黑色。有些人可能更习惯于浅灰色的界面，若要将界面的颜色恢复为传统的浅灰色，只要在浮动面板的菜单条上单击鼠标右键，在弹出的命令列表中选择【面板选项】，将【颜色方案】设置为浅灰色即可。本书为了印刷清晰，插图依旧使用传统的浅灰色界面，如图1.3所示。

说明：Photoshop的大部分常用功能都能在浮动面板上找到，浮动面板的大小和位置可以改变。用鼠标拖动浮动面板的菜单条，可以移动它的位置；为了节省视图的空间，单击浮动面板上的 (收拢)按钮，可将它以最小化显示。

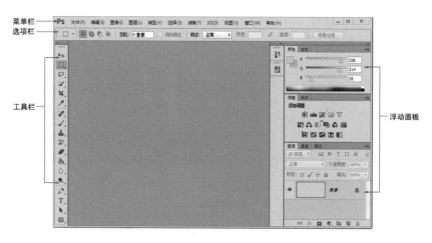

图1.3　Photoshop CC的操作界面

步骤02 首先新建一幅图像。选择菜单栏中的【文件】|【新建】命令,弹出或【新建】对话框,在此输入新建图像的文件名并设置图像的尺寸,如图1.4所示。然后单击【确定】按钮,此时在Photoshop的界面中出现一个图像窗口,如图1.5所示。

图1.4 【新建】对话框　　　　　　　图1.5 出现一个图像窗口

步骤03 下面设置所需的前景色。在工具栏上单击前景色设置图标,如图1.6所示。随即弹出【拾色器】面板,用鼠标单击色相区和【亮度/饱和度】区就可以方便地设置前景色。这里选择蔚蓝色,如图1.7所示。然后单击【确定】按钮。

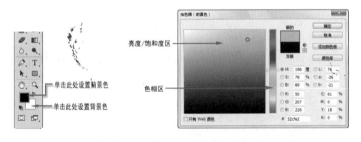

图1.6 前/背景色设置图标　　　　　图1.7 【拾色器】面板

步骤04 下面用 (油漆桶)工具为图像填充前景色。在工具栏中用鼠标左键按住 (渐变)工具不放,会显示出在其下隐藏的 (油漆桶)工具,如图1.8所示。选择 (油漆桶)工具,然后在画面的任意一处单击鼠标左键,画面就会被填充了前景色,效果如图1.9所示。

 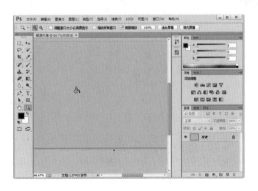

图1.8 选择油漆桶工具　　　　　　图1.9 使用油漆桶填充

步骤05 使用步骤03的方法将前景色设置为黑色，然后在工具栏中用鼠标左键按住 🖌️ (画笔)工具不放，会显示出在其下隐藏的 ✏️ (铅笔)工具，如图1.10所示。选择 ✏️ (铅笔)工具，然后用鼠标在画面上拖动，这样就可以随心所欲地绘制线条了。如果你需要调节铅笔头的粗细，可以参照图1.11设置笔头直径的像素值。

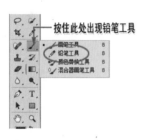

图1.10　选择铅笔工具　　　　　　　　图1.11　铅笔工具的选项栏

步骤06 现在你手中的鼠标已经成为一支近似于实际生活中的铅笔，参照图1.12在图像窗口中绘制大海的浪花。

步骤07 如果绘错了，可在工具栏中选择 ⬜ (橡皮)工具，如图1.13所示。像设置铅笔的粗细一样，在选项栏中也可以设置橡皮头的粗细。用橡皮工具可以擦去你所绘错的线条，擦除区域的颜色取决于你所设置的背景色。

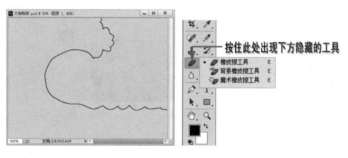

图1.12　绘制波浪形状　　　　　　　　图1.13　选择橡皮擦工具

步骤08 使用步骤03的方法将前景色设置为海蓝色，然后选择 🪣 (油漆桶)工具在浪花区域内单击鼠标左键，将浪花填充为海蓝色，效果如图1.14所示。

步骤09 使用步骤3的方法将前景色设置为白色，然后选择 ✏️ (铅笔)工具在浪花区域内绘制浪花的纹理，效果如图1.15所示。

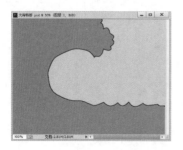
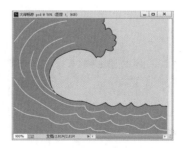

图1.14　填充浪花的颜色　　　　　　　　图1.15　绘制浪花的纹理

步骤10 下面绘制圆形的泡沫。用鼠标在工具栏上按住 ▢ (矩形选框)工具不放，会出现 ○ (椭圆选框)工具，选择该工具，在画面中拖动鼠标，即可选择一块圆形区域，如图1.16所示。然后单击鼠标右键，会弹出快捷菜单，在其上选择【填充】命令，如图1.17所示。

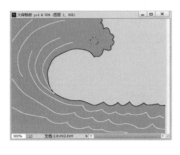 

图1.16　绘制圆形选区　　　图1.17　选择【填充】命令

步骤11 在弹出的【填充】对话框中设置填充内容为【前景色】，混合模式为【正常】，如图1.18所示。然后单击【确定】按钮。此操作将圆形选择区域内填充为前景色，效果如图1.19所示。用同样的方法可以绘制更多的泡沫。

 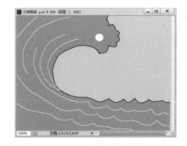

图1.18　设置用前景色填充　　　图1.19　填充后的效果

步骤12 通过前面的步骤，已经学会了怎样使用铅笔工具，也学会了怎样填充颜色，那就用所学的知识在海水上面绘制一个游泳的小人吧。完成后的效果如图1.20所示，虽然图画很简单，但借此学会了Photoshop的几个绘图工具。

步骤13 下面保存作品。在菜单栏上选择【文件】|【保存】命令，即弹出【保存】对话框。在此输入文件名为"畅游大海"，设置图像格式为BMP，如图1.21所示。单击【保存】按钮即可。

图1.20　完成后的图画　　　图1.21　输入文件名

1.1.2　回顾新学的工具

本节主要学习了油漆桶工具、铅笔工具和设置前景色的方法，下面进一步说明。

◈ ♨ (油漆桶)工具

位于工具栏上，使用该工具可以对图像中颜色相近似的区域进行填充。在该工具的选项栏上可以选择填充前景色、填充图案、设置容差、设置混合模式等。该工具的选项栏位于菜单栏下方，如图1.22所示。

图1.22　油漆桶工具的选项栏

◈ ✐ (铅笔)工具

位于工具栏上，使用该工具可以在图像中绘制图案。在该工具的选项栏上可以设置笔头的大小、形状、混合模式等。混合模式的概念将在第2章介绍。铅笔的选项栏位于菜单栏下方，如图1.23所示。

◈ 设置前(背)景色

在工具栏上单击如图1.24所示的图标，进行前景色或背景色的设置，可以将前景色与背景色互换，或复位默认颜色。

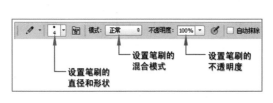

图1.23　铅笔工具的选项栏

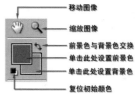

图1.24　前/背景色设置图标

1.1.3　现场问与答

图像格式是怎样一回事？

　“我知道当我保存图像时会有许多格式供选择，选择哪一种格式比较好呢？图像格式是怎样一回事？”

"由于用于图像处理的软件很多，许多软件都有自己特定的记录图像的方式，因此就产生了多种图像格式。另外，不同格式的图像各有其优点，有些格式记录的图像质量很好，有些图像格式文件体积很小，还有些图像能记录图层、通道等信息等。所以多种格式共同存在自有其意义。

Photoshop 支持的图像格式很多，用 Photoshop 打开图像后再以另一种图像格式保存就实现了格式的转换。下面介绍微机上广泛流行的几种图像格式。

*.TGA格式

TGA 是彩色图像文件的无损压缩格式，可记录 8 位、16 位、24 位、32 位的彩色图像。它以记录方式逼真而受到人们的喜爱。由于 *.TGA 格式的产生，使原来体积庞大的图像文件也变得"苗条"起来。

*.TIF格式

桌面印刷系统通用格式，有黑白与真彩两种，其记录方式比较原始，占用储存空间相当多，但图像质量很好，主要用于分色印刷和打印输出。

*.BMP格式

Windows 的标准位图格式，很多软件都支持，是很通用的图像格式，但占用储存空间较多。

*.JPEG格式

扩展名为 .JPG，是记录真彩色图像的有损压缩格式。它有一种压缩算法，允许用户控制图像压缩程度和压缩质量，在保持图像质量较好的前提下，有着惊人的压缩率。是我们很喜欢的一种图像格式，尤其在网络上更为流行。

*.GIF格式

不但能记录 256 色的彩色图像，还能在一个文件中记录多帧图像，形成小动画，文件体积小，便于网络交流。本书将在第 8 章中介绍 GIF 动画的制作方法。

.PSD、.PDD格式

这是 Photoshop 的专用图像格式，可以记录多层的图像、蒙板和通道等操作信息，Photoshop 未完成或有待修改的作品，可用此格式保存。

在实际操作中，我们根据需要来选择保存的图像格式：如果含有图层、蒙版、通道等特性，最好存储为 (*.PSD) 格式，以供日后修改；最终完成的作品可以存储为(*.BMP)(*.TGA)等无损压缩格式保存；如果是为了网上交流，可选择(*.JPG)、(*.GIF)等压缩比较高的格式；如果是用于印刷的图像，可选用(*.TIF)格式保存。"

"哦。我明白了。可以根据需要来选择保存的格式，而且图像格式是可以相互转换的。"

1.1.4 举一反三

本节新学的工具虽然不多，但你可以用它们绘制简单的图画了。请使用本章介绍的几个绘图工具绘制下面的图像，如图1.25、图1.26所示。

图1.25 垂钓图　　　　　　　　图1.26 沙驼图

1.2 色彩调整——更换衣服颜色

"以前看到有人瞬间将图片中红色的衣服变成了黄色，心中赞叹不已。就因为这，我才对Photoshop念念不忘。后来我也学会了Photoshop，原来美慕已久的绝技仅需要用鼠标拖动一个色彩调节命令的滑杆。如今就把这绝技原封不动地教给大家。

下面用【色相／饱和度】色彩调整命令更换小男孩的上衣和气球的颜色。效果如图1.27所示。此外，在Photoshop中还有其他替换颜色的方法，它们的效果也各有差异，你将会在本书后面的内容中学到。"

图1.27 使用色彩调整命令更换小男孩上衣和气球的颜色

1.2.1 操作步骤

步骤01 启动Photoshop。选择【文件】|【打开】菜单命令，在【打开】对话框中选择配套光盘中"素材"文件夹下的101.jpg图像文件。这是一幅小男孩的图像，如图1.28所示。

步骤02 现在选取图片衣服的区域。在工具栏上按下 （套索）工具不放，会出现 （多边形套索）工具，选择该工具，在图片中沿衣服的边缘依次单击鼠标，由此将衣服的区域选择，衣服的周围出现游动的蚂蚁线，如图1.29所示。

游动的蚂蚁线表示
该区域被选择

图1.28 打开图像　　　　图1.29 圈选衣服区域

> 说明：当需要修改图像的局部区域时，通常要建立选择区域来限制修改的范围。选区建立后出现游动的蚂蚁线，蚂蚁线的内部区域为被选区域。

步骤03 现在调整衣服的颜色。在菜单栏选择【图像】|【调整】|【色相/饱和度】命令，弹出【色相/饱和度】对话框，如图1.30所示。用鼠标拖动【色相】下方的滑块，衣服的颜色随即产生了变化，如图1.31所示。

拖动滑块使衣
服改变颜色

图1.30 拖动色彩调节滑块　　　　图1.31 衣服的颜色随即产生了变化

步骤04 现在取消图像中的选区。在菜单栏中选择【选择】|【取消选择】命令，观察到衣服周围的蚂蚁线消失了。

步骤05 重复步骤02的操作，将气球的区域选中，再使用步骤03的操作调整气球的颜色。如果你愿意，可以将小男孩的衣服调节成各种颜色，如图1.32所示。

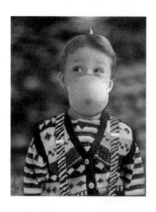

图1.32　将小男孩的衣服调节成各种颜色

1.2.2　回顾新学的工具

💎 （多边形套索）工具

位于工具栏上，使用该工具在图像中依次单击，可以在图像中建立选择区域。关于更多的选择工具以及它们的灵活运用，在本书3.5节将会详细介绍。

💎 【色相/饱和度】的调整

位于【图像】菜单中。拖动该工具的滑杆可调整图像的色相、饱和度和亮度。

1.2.3　现场问与答

怎样精确快速地选择区域？

　　"在调整图像之前，一定要选择图像的一片区域吗？另外，怎样精确而快速地选择区域？"

　　"选择一片区域后就是针对这片区域进行调整，若没有选区就是针对整个图层进行调整。"

　　又问："看来选择工具是使用很频繁的工具，可是我感觉到 （多边形套索）工具在有些时候并不是很好用，还有其他的选择工具吗？"

　　"选取区域的确是最频繁的操作，Photoshop 提供了十几种选择工具来适应不同的情况。选取的区域不但能改变形状，而且边缘还能做到羽化，羽化就是在选区的边缘出现从非选择到被选择的过渡区域。这些将在3.5节详细介绍。"

1.2.4　举一反三

图1.33中是两个小女孩的图片，该素材见配套光盘"素材"文件夹中的102.jpg图像文件。请使用本节的方法改变她们衣服的颜色，效果如图1.34所示。

图1.33　两个小女孩　　　　图1.34　更改她们衣服的颜色

1.3　拼合图片——草地小孩蓝天

"Photoshop"的中文意思是"照片商店"，它可以完成以前摄影师只有在暗房里才能做到的特技效果，但它却远比暗房功能更强大、更省力，有人称Photoshop为"暗房终结者"一点也不过分，因为现在很少有人躲在阴暗潮湿的暗房里做特技了。

"那么过去在暗房里经常做哪些事呢？"

"过去，经常在暗房理将两张底片上的景物洗印到一张照片上。现在使用Photoshop很方便地就能将两幅图合成一幅图。使用合成技术，你可以和总统握手，或者拥有一张你自己登上月球的画面。而这个操作只需要几分钟！下面我们就来将小女孩的画面与树林合成到一幅图像里，如图1.35所示。"

图1.35　将小女孩合成到树林背景中

1.3.1 操作步骤

步骤01→ 启动Photoshop，在菜单栏选择【文件】|【打开】命令，打开配套光盘"素材"文件夹中的103.jpg图像文件，再次选择【文件】|【打开】命令，打开配套光盘"素材"文件夹中的104.jpg图像文件。这样就在操作界面中同时打开了两幅图像，如图1.36所示。

图1.36 同时打开了两幅图像

步骤02→ 现在选中图像中人物的区域。用鼠标在工具栏上选择 ✓ (多边形套索)工具，沿小女孩身体的轮廓依次单击鼠标，小女孩身体周围显示出游动的蚂蚁线，表示该区域被选中。

步骤03→ 在工具栏上选择 ✛ (移动)工具，在选取区域内按下鼠标不放，将选取的图像区域拖拽到树林图片中松开鼠标，如图1.37所示。

图1.37 将选区内的图像拖拽到树林图片中

> 说明：通过上面的步骤，小女孩的图像已经被复制到树林的图片中。但是人物的大小和位置并不合适，在下面的步骤中将调整它的大小。

步骤04→ 在菜单栏选择【编辑】|【自有变换】命令，观察到人物的周围出现了调节手柄，如图1.38所示。用鼠标拖动调节手柄，人物的大小随之发生变化，调整大小满意后，在自由变换的选项栏中单击 ✓ (提交)图标，这样就改变了人物的大小。

步骤05 在工具栏上选取 ▸✛ (移动)工具，在视图中拖动鼠标，即可移动人物图层。将人物拖动到合适的位置，如图1.39所示。

图1.38　出现变换控制框

图1.39　变换到合适大小

步骤06 现在合并图层。在菜单栏上单击【窗口】，勾选【图层】，即弹出图层面板，观察到图层面板上显示有两个图层栏，这表示图像中有两个图层。在图层面板上单击右上角的 ▼≡ 图标，弹出图层命令面板，选择【拼合图层】命令，如图1.40所示。这样，两个图层就被拼合成为一个图层。

步骤07 将图像另存一个文件。选择【文件】|【保存为】命令，为文件输入新名称，单击【保存】按钮，如图1.41所示。这样就完成了合成图片的全过程。

图1.40　执行【拼合图层】命令

图1.41　输入新文件名

1.3.2　回顾新学的工具

✦ ▸✛ (移动)工具

位于工具栏上，使用该工具可以移动图层(背景图层除外)或选定的区域。

✦ 【自由变换】

位于【编辑】菜单中，使用该工具可以变换图层或被选择区域的长宽尺寸和旋转角度。该工具的选项栏位于菜单栏下，使用方法如图1.42所示。

| 选择轴点位置 | 锁定长宽比例 | 设置旋转角度 | 设置插值模式 |

图1.42 自由变换命令的选项栏

1.3.3 现场问与答

图层是怎么一回事？

"在本节的实例中，用到了【图层面板】，那么"图层"是怎么一回事呢？"

"本节中，树林的图片原本只有一个图层，拖入小女孩的图像后就增加了一个图层，这就像在日常生活中用剪刀裁剪一张图片放置到另一张图片上一样；图像中有多少个图层，都显示在图层面板的图层栏上，这时可以使用 ▸⊕（移动工具）来移动这些图层中的图像，非常方便。当执行【拼合图层】命令后，所有的图层就变成了一个图层，这个操作就像日常生活中用胶水将多层的图片粘裱到一起一样。"

"哦，原来是这样，那么图层还有其他的用途么？"

"图层的用途可多啦。图层可以改变排列顺序、可以调节透明度、可以设置混合模式等，通过这些功能，可以制作出许多特效。图层的更多用法将在第 2 章中的第 1 节详细介绍。"

1.3.4 举一反三

打开配套光盘"素材"文件夹中的105.jpg、106.jpg图像文件，它们是一幅越野车和一幅草地的图片，学习了本节的知识后，一定能顺利地将它们合成为一幅图像，如图1.43所示。请试试吧！

图1.43 将越野车合成到草地背景上

1.4 在图片中加入文字

"为画面加入文字是经常遇到的工作。在 Photoshop 中能很方便地加入各种字体、各种颜色的文字。下面我们就来为一幅小提琴的图片加入文字，如图 1.44、图 1.45 所示。"

图1.44 小提琴的图片

图1.45 为图片输入文字

1.4.1 操作步骤

步骤01 启动Photoshop，选择【文件】|【打开】命令，打开配套光盘"素材"文件夹中的107.jpg图像文件，如图1.46所示。

步骤02 在工具面板上选择 T.（文字）工具，在画面上单击鼠标，会出现闪烁的光标。这时就可以使用键盘输入文字了。本例输入"小夜曲集锦"，如图1.47所示。

图1.46 打开小提琴的图像

图1.47 使用文字工具输入汉字

步骤03 当在工具栏选择了 T.（文字）工具时，在菜单栏下方显示出文字工具的选项栏，如图1.48所示。这时拖动闪烁的文字光标将视图中的文字选中，在选项栏上可以再次改变文字的字体、颜色、字号等。

图1.48 文字工具的选项栏

步骤04 拖动鼠标将"集锦"两字选中，并在选项栏根据自己的喜好设置字体，本例中选择"彩云体"，效果如图1.49所示。

步骤05 "彩云体"属于空心字体，可以使用 🪣 (油漆桶)工具将空心的区域填充为其他的颜色。但现在填充会操作失败，我们必须先将文字图层"栅格化"。文字图层"栅格化"的方法是在图层面板上的文字图层栏上右击，从快捷菜单中选择【栅格化文字】命令，如图1.50所示。

图1.49 改变文字的字体 　　　图1.50 执行【删格化文字】命令

步骤06 在工具面板上选择 🪣 (油漆桶)工具，在文字的空心的区域单击鼠标，将它填充为绿颜色，效果如图1.51所示。在图层面板的右上角单击 ▾≡ 按钮，选择【拼合图层】命令，这样就完成了为图片输入文字的过程。

图1.51 填充文字的空心区域

1.4.2 回顾新学的工具

🔆 **T** (文字)工具

位于工具面板上，使用该工具时，在菜单栏下方显示出文字的选项栏，这时用文字输入的光标将文字选中，在选项栏上可以再次改变字体、颜色、字号等。

【栅格化文字】

在图层面板的文字栏上右击，出现该命令。使用该命令后，矢量的文字图形就会变成位图图像。

1.4.3　现场问与答

为什么要栅格化文字？

"文字输入后，不能用【色相／饱和度】命令调整它的颜色，也不能用【高斯模糊】滤镜使它变模糊，这是怎么回事？"

"文字输入后是'字体'，还不是'图像'。字体属于'矢量'图形。所谓矢量图形，就是描述线条的位置、曲度、色彩渐变等，这样的图形无论放大多少倍都是清晰的，在 Photoshop 中，多数命令都是针对于'位图'图像的，位图是描述一列列的像素色彩而形成的图像，文字图层'栅格化'后才形成一列列的像素。所以，如果要用更多的命令处理文字，要先将文字图层'栅格化'。"

"哦，原来是这样。"

1.4.4　举一反三

打开光盘"素材"文件夹中的108.jpg图像文件，这是一幅海螺的图片，如图1.52所示。学习了本节的内容后，一定可以顺利地为它输入文字，如图1.53所示。请试试吧！

图1.52　海螺的图片

图1.53　为图片输入汉字

第2章　7种基本手段

"通过第1章的学习，我已经认识了一些Photoshop常用的工具、面板等，还学会了拼合图片和输入文字。下面要进行哪方面的学习呢？"

"我们将进一步学习图层的运用、图形的变换、图层的混合模式、神奇的滤镜、蒙版的功能、通道的运用、GIF小动画的制作方法。我把它们称作图像处理的7种基本手段，使用这些功能，可以合成较为复杂的图像，得到心中想要的各种效果。"

2.1　图层的运用

"图像上原来只有一个滑翔机，如图2.1所示。我们可以将这个滑翔机复制多个到新的图层，然后使用【变换工具】将它变形，再调节它的颜色，就产生了许多滑翔机在一起比赛的场面，如图2.2所示。

我们将通过这个实例来学习复制图层中所选择的区域、变换图层中的图像、根据需要重新排列图层的顺序等，下面就开始具体操作。"

图2.1　只有一个滑翔机的图像　　　图2.2　复制并变换成许多滑翔机

2.1.1　操作步骤

步骤01 启动Photoshop，打开配套光盘"素材"文件夹中的201.jpg图像文件，这是一幅滑翔机的图像，如图2.3所示。

步骤02 在工具面板上选择 ☑ (多边形套索)工具，沿滑翔机的边缘依次单击鼠标，将滑翔机选中，滑翔机边缘出现游动的蚂蚁线，如图2.4所示。

图2.3　打开图像文件

图2.4　建立滑翔机的选区

步骤03 在菜单栏选择【编辑】|【复制】命令，再选择【编辑】|【粘贴】命令，观察图层面板上多了一个图层，如图2.5所示。

> 快捷方法：建立选区后，在选择区域内部单击右键，在弹出的命令菜单中选择【通过复制的图层】命令，即可快捷地将选区内的图像复制到新的图层。另外，也可以通过快捷键来完成该步骤，方法是先按Ctrl＋C键，再按Ctrl＋V键。

步骤04 在工具面板上选择 ▶╋ (移动)工具，然后在图像窗口中拖动，观察到图像中具有两个滑翔机，如图2.6所示。

图2.5　将滑翔机复制到新的图层

图2.6　图像中产生了两个滑翔机

步骤05 下面再次复制滑翔机图层，让画面更丰富一些。在图层面板上用鼠标按住滑翔机图层栏不放，拖动到 ⬓ (创建图层)图标上，过程如图2.7所示。在图层面板上观察到又增加了一个图层，使用 ▶╋ (移动)工具移动它，观察到图像中具有3个滑翔机了，如图2.8所示。

> 快捷方法：当需要复制图层时，在图层面板上的图层栏单击右键，在弹出的命令菜单中选择【复制图层】命令，即可快捷地复制图层。

图2.7　拖动图层栏到创建按钮上　　　图2.8　图像中又增加了一个滑翔机

步骤06　在菜单栏选择【文件】|【打开】命令，打开配套光盘"素材"文件夹中的202.jpg图像文件，这样就在Photoshop中同时打开了两幅图像。使用 (多边形套索)工具将新图像中的滑翔机选中，再使用 （移动)工具将它拖动到原图像中，过程如图2.9所示。观察到图像中新加入了一个滑翔机图层。

图2.9　拖动新的滑翔机到图像中

步骤07　我们希望新加入的滑翔机位于原滑翔机的后方，所以现在要重新排列图层。在图层面板上用鼠标按住最上方的图层栏不放，将它拖动到第2、3图层栏之间，这时观察到新加入的滑翔机排列到了原滑翔机的后方，如图2.10所示。

步骤08　现在要使用【自由变换】命令调整个图层的大小。用鼠标在图层面板上单击最上方的图层栏，在菜单栏中选择【编辑】|【自由变换】命令，观察到在滑翔机周围出现调节手柄，用鼠标拖动调节手柄即可调整滑翔机的大小，如图2.11所示。

图2.10　排列图层的顺序　　　　　图2.11　变换滑翔机的大小

步骤09► 现在要使图像水平翻转。选择【编辑】|【变换】|【水平翻转】命令，观察到滑翔机被水平翻转。如图2.12所示。

步骤10► 现在要使图像旋转一个角度。选择【编辑】|【自由变换】命令，当鼠标移动到调节手柄四角的外缘时，会变成 形状，拖动它，图像就会发生旋转。激活其他滑翔机所在的图层，使用同样的方法变换它的大小和位置，如图2.13所示。

图2.12　改变滑翔机方向　　　　　　　　图2.13　调整滑翔机大小和位置

步骤11► 现在调节各图层的颜色。在菜单栏中选择【图像】|【调整】|【色相/饱和度】，弹出【色相/饱和度】面板，如图2.14所示。拖动【色相】的滑杆，观察到图层的颜色发生变化。用鼠标在图层面板上激活其他图层栏，使用同样的方法将各图层调节成不同的颜色。此时图像的效果如图2.15所示。

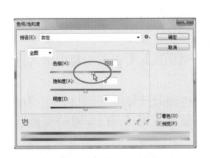

图2.14　拖动色相滑杆改变图像颜色　　　　图2.15　五颜六色的滑翔机

步骤12► 在图层面板上单击右上角的 图标，在图层命令面板上选择【拼合图层】。选择【文件】|【保存为】命令，将刚才的作品保存为一个新文件，这样我们就合成了一幅滑翔机比赛的图像。

2.1.2　回顾新学的工具

本节通过实例学习了图层面板的使用方法，这些操作在实际工作中应用非常广泛。下面列出图层面板的主要功能和操作方法，请认真体会并熟练掌握。图层面板的操作示意如图2.16所示。

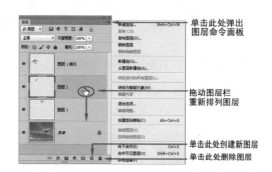

图2.16　图层面板的使用方法

新建图层：单击图层面板上的 ▢ (创建新图层)按钮，即可在原图层之上创建一个新的空白图层。

复制图层：用鼠标按住需要复制的图层栏不放，将其拖动到 ▢ (创建新图层)图标上，即可将该图层复制。

删除图层：用鼠标按住需要删除的图层栏不放，将其拖动到 🗑 (删除图层)图标上，即可将该图层删除。

将图层选择区域内的图像复制到新图层：建立选区后，在选择区域内部单击右键，从弹出的命令菜单中选择【通过复制的图层】命令，即可快捷地将选区内的图像复制到新的图层。在菜单栏选择【编辑】|【复制】命令，再选择【编辑】|【粘贴】命令，也可将选区内的图像复制到新的图层。

重新排列图层：图层的顺序可以重新排列。用鼠标按住需要重新排列的图层栏不放，将其拖动到其他的图层栏之间，即可重新排列图层。

选择图层中有画面的区域：在键盘上按住Ctrl键不放，用鼠标单击图层栏，则该图层栏上有画面的区域即被全部选择。

图层的不透明度：在图层面板上的【不透明度】右侧的窗口中输入百分数值或者调整不透明度滑杆，即可调节图层的不透明度。

链接图层：按住Ctrl键不放，可在图层栏同时选择多个图层，在图层面板下部按下 ⚯ (链接)图标，可将选择的图层链接，被链接的图层可以同时被变换形状或移动位置。

隐藏图层：在图层栏的左侧靠边的小窗口内单击 👁 (指示图层可见性)图标，会将该图层隐藏，再次单击该图标可以重新显示该图层。常用此操作暂时隐藏不需要编辑的图层，避免误操作。

合并链接图层：单击图层面板右上角的 ▾≣ 按钮，会弹出图层命令面板，在其上选择【合并链接图层】，可以将被链接图层合并。

合并可见图层：单击图层面板右上角的 ▾≣ 按钮，会弹出图层命令面板，在其上选择【合并可见图层】，可以将所有未被隐藏的图层合并。

拼合图层：单击图层面板右上角的 ▾≣ 按钮，会弹出图层命令面板，在其上选择【拼合图层】，可以将所有图层拼合。

2.1.3　课堂问答

怎样快速对齐图层？

"我正在做一幅作品，使用了很多图层，现在需要将某些图层一个个对齐，有比较快捷的方法吗？"

"当然有。首先将需要对齐的图层链接，然后在菜单栏选择【图层】|【对齐链接图层】命令，即会弹出 6 种方式的对齐命令，如图 2.17 所示。单击恰当的对齐命令，所链接图层即会在瞬间内完成对齐。"

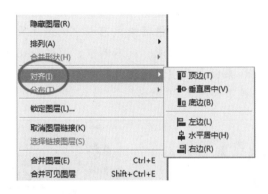

图2.17　菜单中的6种对齐方式

2.1.4　举一反三

本节将一个滑翔机多次复制，进行变形、变颜色后，产生了多个滑翔机在一起比赛的画面。请通过下面的练习检查一下自己对本节内容的掌握情况。

打开配套光盘"素材"文件夹中的203.jpg图像文件，这是一幅一片树叶的图片，如图2.18所示。请将树叶复制多片，并将它们调整成不同的颜色，如图2.19所示。

图2.18　一片树叶的图片　　　　图2.19　复制树叶并调整它的颜色

2.2 图形的变换

"通过前面的内容，我们学会了使用【自由变换】命令将图像进行大小或角度的变换，本节继续学习使用【变换】命令组的其他命令将图像进行各种扭曲和倾斜。"

"图像的扭曲或倾斜有什么意义呢？"

"将多幅图像进行合成时，通常需要考虑透视关系，如在物体的表面贴上图像。操作时要根据绘画艺术中的透视原理将图像扭曲，使图像产生远小近大的透视效果。在本例中，通过将几幅图像贴到另一幅图像中的墙壁和桌面上来学习【变换】命令组的各种命令。实例所使用的素材和最终效果如图2.20所示。"

图2.20 将几幅图像贴到另一幅图像的墙壁和桌面上

2.2.1 操作步骤

步骤01→ 启动Photoshop。在菜单栏选择【文件】|【打开】命令，同时选择配套光盘"素材"文件夹中的204.jpg和205.jpg图像文件，如图2.21所示。

图2.21 同时打开两幅图像

注意：如果要同时打开多个图像文件，只需按下Ctrl键，用鼠标逐个选中需要打开的文件名，然后单击【打开】按钮或按下Enter键即可。

步骤02→ 在菜单栏中选择【选择】|【全选】命令，将人物的图像区域全部选中；在工具栏中选择 ▶(移动)工具，将人物拖动到室内的图像中，如图2.22所示。

说明：这时人物的图像已经被复制到室内的图像中，但它的大小和位置并不合适，下面使用【变换】命令组中的【扭曲】命令进行调整。

步骤03→ 在菜单栏中选择【编辑】|【变换】|【扭曲】命令，人物图层出现变换调节框，使用鼠标拖动调节框四角选择的手柄，人物图层随即被改变形状，如图2.23所示。

图2.22　将人物拖动到室内的图像中　　图2.23　拖动手柄改变图像形状

步骤04→ 分别将人物图层的四角拖动到镜框四角的位置，这样人物图像就很合适地被"贴到"镜框上，如图2.24所示。

步骤05→ 在菜单栏选择【文件】|【打开】命令，将配套光盘"素材"文件夹中的206.jpg图像文件打开，这是一幅树林风景的图像，使用步骤02的方法，将风景的图像也拖动到室内的图像中，如图2.25所示。

图2.24　人物图像被"贴到"镜框上　　图2.25　调入另一幅图片

步骤06→ 在菜单栏选择【编辑】|【变换】|【斜切】命令，风景图层出现变换调节框，使用鼠标拖动调节框中部的手柄，风景图层可以变得倾斜，如图2.26所示。也可以拖动调节框四角的手柄使图层改变形状，最终变换效果如图2.27所示。

图2.26 使用【斜切】命令变换图片形状　　　　图2.27 最终变换效果

步骤**07** 在菜单栏选择【文件】|【打开】命令，将配套光盘"素材"文件夹中的207.jpg图像文件打开，这是一幅海边的图像，如图2.28所示。使用本节步骤02的方法，将它复制到室内图像中；再使用步骤03的方法将它扭曲到室内图像中的另一幅镜框上，如图2.29所示。

图2.28 调入海边的图像　　　　　　　　图2.29 将图片贴到镜框上

步骤**08** 在图层面板上单击右上角的 ▾▤ 图标，在图层命令面板上选择【拼合图层】。选择【文件】|【保存为】命令，将刚才的作品保存为一个新文件。

这样，我们就利用【变换】命令组中的【扭曲】和【斜切】命令完成了将几幅图像贴到另一幅图像的墙壁和桌面上的操作。

2.2.2 现场问与答

为何多次变换后图像变得不清晰了？

阿 德

"我在一个场景中调入了一个人物图层，人物原本是清晰的，我先将人物变换缩小后贴到墙上，感觉不是很好，后来又将人物放大，但是人物变得模糊了！"

茶水博士

"当你将人物图层执行变换缩小后，图层中原有的像素会因为图层的缩小而丢失一部分。当再次将图层放大时，就会因为像素已经减少而显得不清楚。所以尽量不要反复利用变换命令缩放图像。"

2.2.3　举一反三

本节使用使用【变换】命令组中的命令将几幅风景图像完美地贴到室内图像的墙壁上。请做下面的练习，来检查一下自己对本节内容的掌握情况。

打开配套光盘"素材"文件夹中的208.jpg、209.jpg图像文件，这是是一幅宝宝的图片和一幅盒子的图片。请将宝宝的图片贴到盒子上，效果如图2.30所示。

图2.30　将宝宝的图片贴到盒子的每个面上

2.3　图层的混合模式

"通过前面的学习，我们知道在Photoshop中图像可以是多层的，上层的图像可以遮盖下层的图像。然而，图层的功能远不止这些，这是因为图层之间有多种混合模式，我们可以使用上层图像的亮度与下层图像的色相相混合，也可以使用将上层图像的色相与下层图像的饱和度相叠加，等等。这样图层混合后就产生了多种效果。

在本节的练习中，我们将使用不同的图层混合模式产生翅膀的光晕、残影等效果，如图2.31、图2.32所示。"

图2.31　一幅儿童的图像

图2.32　制作天使般的翅膀

2.3.1 操作步骤

步骤01 启动Photoshop，同时打开配套光盘"素材"文件夹中的210.jpg和211.jpg图像文件，如图2.33所示。

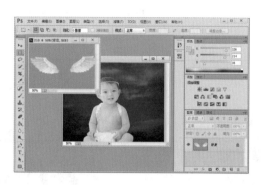

图2.33 同时打开两幅图片

步骤02 在工具栏上使用 🔮(魔术棒)工具在羽翼周围的灰色区域单击鼠标，即把图像的灰色区域选中；在菜单栏选择【选择】|【反选】命令，这样就选择了图像的羽翼区域。使用 ➤(移动)工具将羽翼拖动到人物图像中，效果如图2.34所示。

步骤03 在图层面板上激活背景图层，使用 🖊(多边形套索)工具将人物区域选中，在菜单栏上选择【编辑】|【拷贝】命令，再选择【编辑】|【粘贴】命令，这样就在背景图层上方增加了一个人物图层。

> 快捷方法：建立选区后，在选择区域内部单击右键，在弹出的命令菜单中选择【通过复制的图层】命令，即可快捷地将选区内的图像复制到新的图层。

步骤04 用鼠标在图层面板上将羽翼的图层栏拖动到人物图层栏与背景图层栏之间，这样羽翼图层就排列到人物的下方，如图2.35所示。

图2.34 将羽翼拖动到人物图像中　　图2.35 将羽翼图层排列在人物图层下方

步骤05 现在要复制羽翼图层。用鼠标在图层面板上将羽翼的图层栏拖动到图层面板下方的 🔲(创建新图层)按钮上，这样就增加了一个羽翼图层。在菜单栏上选择【编辑】|【自由变换】命令，将羽翼图层适当放大，效果如图2.36所示。

> 注意：现在的图像中共有两个羽翼图层，它们的大小和位置有所不同，并且都排列在人物图层的下方。

步骤06 在图层面板上单击混合模式窗口右侧的 ⬍ 按钮，会弹出混合模式下拉选单，将混合模式设置为【变亮】，并将图层的不透明度设置为30%，如图2.37所示。

图2.36　调整羽翼的大小　　　　　　　　图2.37　设置图层混合模式

步骤07 由于更改了图层的混合模式，羽翼的显示效果随即发生了变化，如图2.38所示。用鼠标在图层面板上将羽翼的图层栏拖动到图层面板下方的 ⬚ (创建新图层)按钮上，复制该图层，并用【自由变换】命令调节各图层的大小，效果如图2.39所示。

图2.38　更改图层混合模式后的效果　　　图2.39　复制图层并调节各图层的大小

步骤08 现在创建新图层，制作羽翼的光晕。在图层面板上单击 ⬚ (创建新图层)按钮，创建一个空的新图层，拖动该图层栏，将它置于顶层。将前景色设置为橙色，使用 ✎ (画笔)工具在新图层中为羽翼边缘描边，效果如图2.40所示。

步骤09 在菜单栏上选择【滤镜】|【模糊】|【高斯模糊】命令，弹出【高斯模糊】调节面板，将模糊半径设置为10像素，如图2.41所示，然后单击【确定】按钮。

图2.40　使用画笔工具描绘羽翼的边　　图2.41　使用【高斯模糊】滤镜处理

步骤10 在图层面板上单击混合模式窗口右侧的 ⬍ 按钮,会弹出混合模式下拉选单,将混合模式设置为【滤色】,如图2.42所示。改变混合模式的图层效果如图2.43所示,这样就模拟了羽翼的光晕效果。改变图层的不透明度可以调节光晕的强度。

图2.42　更改图层混合模式　　　　　图2.43　羽翼产生了光晕效果

步骤11 现在绘制一道淡淡的彩虹。单击图层面板下方的 ▢ (创建新图层)按钮创建一个新图层,然后在工具栏上选择 ▢ (渐变)工具,在渐变工具的选项栏上将渐变色彩设置为彩虹色谱,如图2.44所示。然后在视图内左右拖动鼠标,即可绘出一条色谱带,效果如图2.45所示。

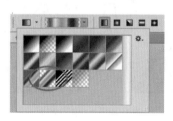

图2.44　设置为彩虹色谱　　　　　　图2.45　绘出一条色谱带

步骤12 在菜单栏上选择【滤镜】|【扭曲】|【切变】命令,弹出【切变】调节面板,拖动控制线即可将图层扭曲,如图2.46所示,然后单击【确定】按钮。

步骤13 在菜单栏上选择【编辑】|【变换】|【旋转】命令,将彩虹图层旋转90度。在图层面板将混合模式设置为【屏幕】,并降低该图层的不透明度,或者用 ▨ (橡皮)工具将彩虹图层擦得淡一些,一道美丽的彩虹就出现了,如图2.47所示。

图2.46　拖动控制线使图层扭曲　　　图2.47　出现的一道淡淡的彩虹

2.3.2　现场问与答

图层各种混合效果的产生原理是怎样的？

"我知道单击图层面板上混合模式栏旁的 ⬍ 图标，就会弹出混合模式下拉菜单，设置不同的混合模式会出现各种图层效果，那么这些效果的产生原理是怎样的？"

"各种效果是由于图层之间使用不同的计算方式产生的。比如将图层像素的色相、亮度、饱和度等属性进行相加、相减、置换等，就出现了不同的效果。下面介绍一些常用混合模式的计算方式。

正常：该层的显示不受其他层影响，完全覆盖底层。

溶解：该模式根据像素的透明程度将相邻像素聚集，对于有羽化边缘的或半透明的图层影响较大。

变暗：使用该模式进行混合时，会与下层图像比较像素亮度，然后取较暗的像素组成新的图层。当上层图像普遍比下层图像亮时，混合后的效果与下层图像无异。

正片叠底：该模式将相邻图层的色彩叠加而变深，效果就像观看叠加在一起的幻灯片。如果图像中有将两个相同的图层，而将上层使用正片叠底混合模式，可使颜色普遍加深，经常用于修复整体颜色偏亮的图像。

滤色：将上层图像的色彩、亮度与下层相加，就像在图片上打幻灯，形成较鲜亮的效果。经常用于为图像添加光斑、光束等效果。

柔光：将本层图像的亮度与下层图像相比较，增加下层较暗区域的亮度，如果图像中有两个相同的图层，将上层的图像进行模糊处理后再使用柔光混合模式，将得到使用柔焦镜拍摄的照片效果。

强光：将图层之间高光区域的亮度相加，而对较暗的区域影响较小，使图层反差增大，形成强光照射的效果。

差值：该模式将本图层色调反转，然后与底层图像比较，求差值。

排除：从当前层中减去底层色彩，从而使一部分色彩反转，不如差值效果强烈。

色相：只保留当前层的色相，而与底层图像的亮度及饱和度混合，形成新的色彩。如果上层的图像为纯色，使用该模式与下层的彩色图像混合，将替换下层图像的颜色。

饱和度：保留当前层的饱和度，而与底层的色相混合，形成新的色彩。

颜色：用本层颜色和底层亮度混合形成新的色彩。

亮度：使用本层亮度和底层颜色混合形成新的色彩。"

"哦，仅混合模式就有这么多效果，那么如果配合色彩调整、图层透明度调整等，就一定能产生更多特效。"

"对，还不仅这些，在后面的章节中还要学习滤镜、蒙版的使用，它们与图层的功能相互配合，就像万花筒一样，可以产生千变万化的图层特效。"

2.3.3 举一反三

打开配套光盘"素材"文件夹中的212.jpg图像文件，这是一支玫瑰的图片，如图2.48所示。请使用本节所学的方法将玫瑰复制到新的图层，并使用不同的混合模式产生不同的图层效果，如图2.49所示。

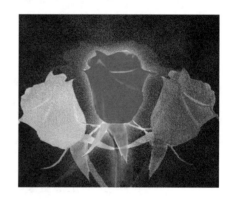

图2.48 一支玫瑰的图片　　　　图2.49 产生不同的图层效果

2.4 神奇的滤镜

"要论Photoshop最神奇的工具，那非滤镜莫属了。看似难得的图像效果，使用滤镜也许轻易地就能得到。Photoshop自带近百个滤镜，另外还有一些第三方软件厂商为Photoshop开发了许多外挂滤镜，其效果缤纷多彩，千奇百怪。本节介绍Photoshop自带的十几种最常用滤镜，并使用它们相互配合，产生各种特效。"

2.4.1 【动感模糊】和【风】滤镜

下面使用动感模糊滤镜使背景产生水平的模糊效果，再使用刮风滤镜制作摩托车的运动残影。

步骤01 启动Photoshop，打开配套光盘"素材"文件夹中的213.jpg图像文件，这是一幅城市的画面，如图2.50所示。再打开214.jpg图像文件，这是一幅摩托车的图片，在工具栏上使用 （魔术棒）工具配合Shift键将摩托车区域选中，然后使用 （移动）工具将摩托车拖动到城市图像中，效果如图2.51所示。

图2.50　打开一幅城市的画面

图2.51　调入摩托车的图像

步骤02 用鼠标在图层面板上单击背景图层栏，使背景图层处于被编辑状态；然后在菜单栏上选择【滤镜】|【模糊】|【动感模糊】命令，弹出【动感模糊】对话框，如图2.52所示。将模糊距离设置为20像素，单击【确定】按钮，观察到背景图层出现了动感模糊的效果，如图2.53所示。

图2.52　使用【动感模糊】滤镜　　　图2.53　执行【动感模糊】滤镜后的效果

步骤03 现在设置摩托车图层刮风滤镜的效果。首先用鼠标将摩托车图层栏拖动到 ◻ (创建新图层)按钮上，将该图层复制；然后在菜单栏上选择【滤镜】|【风格化】|【风】命令，弹出【风】滤镜对话框，单击【确定】按钮，如图2.54所示。观察到摩托车图层出现了风滤镜的效果，如图2.55所示。

图2.54　使用【风】滤镜　　　　图2.55　风滤镜的效果

步骤04 用鼠标在图层面板上将有滤镜效果的摩托车图层栏拖动到原摩托车图层之下，操作方法如图2.56所示。

这样就使用【动感模糊】滤镜和【风】滤镜制作了一幅具有运动效果的图片，如图2.57所示。

图2.56　重新排列图层　　　　图2.57　具有运动效果的图片

2.4.2　【径向模糊】滤镜

　　一头鹿站立在树林中，我们将使用【径向模糊】滤镜对该图像操作，该滤镜的特点是距离滤镜作用中心越近，模糊效果就越弱，这样就可以使鹿的主题更加突出。

　　步骤01 启动Photoshop，打开配套光盘"素材"文件夹中的215.jpg图像文件，这是一头鹿站立在树林中的画面，如图2.58所示。

图2.58　鹿站立在树林中的画面

　　步骤02 在菜单栏选择【滤镜】|【模糊】|【径向模糊】命令，弹出【径向模糊】对话框，如图2.59所示。选中【缩放】单选按钮，用鼠标在示意窗中单击，即可设置滤镜作用的中心，然后单击【确定】按钮。观察到图像出现了放射状的模糊效果，如图2.60所示。

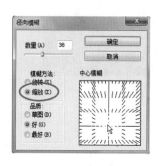

图2.59　使用【径向模糊】滤镜　　　图2.60　执行【径向模糊】滤镜后的效果

步骤03 该滤镜还有一种旋转状的模糊方式。在【径向模糊】对话框中选中【旋转】单选按钮，用鼠标在示意窗中单击，以设置滤镜作用的中心，然后单击【确定】按钮，如图2.61所示。观察到图像出现了旋转状的模糊效果，如图2.62所示。

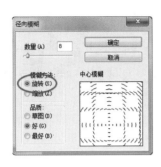

图2.61　选中【旋转】单选按钮　　　　图2.62　旋转模糊后的效果

2.4.3　【挤压】、【球面化】滤镜

使用【挤压】或【球面化】滤镜可以使所选择的图像区域产生凹进或凸出的效果。下面在一幅虎的图像上学习使用这两个滤镜。

步骤01 启动Photoshop，打开配套光盘"素材"文件夹中的216.jpg图像文件，这是一只虎的画面，如图2.63所示。

步骤02 在菜单栏选择【滤镜】|【扭曲】|【挤压】命令，弹出【挤压】对话框，如图2.64所示。用鼠标拖动滑块，即可调节图像被挤压的强烈程度。可然后单击【确定】按钮。观察到图像被挤压而凹进的效果，如图2.65所示。

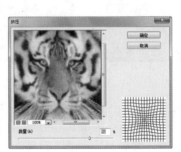

图2.63　虎的图像　　　　图2.64　使用【挤压】滤镜　　　　图2.65　挤压后的效果

步骤03 在菜单栏选择【编辑】|【撤销】命令，撤销刚才的挤压效果；选择【滤镜】|【扭曲】|【球面化】命令，弹出【球面化】对话框，如图2.66所示。用鼠标拖动滑杆即可调节图像突出的强烈程度，满意后单击【确定】按钮。观察【球面化】滤镜使图像凸出的效果，如图2.67所示。

> 注意：如果图像中有选区，那么在使用滤镜时就只对选区内的图像起作用。利用这个特点，本例可以先选择虎的眼睛做【球面化】滤镜处理，再对整个图像进行【球面化】，仔细调节，即可得到满意的滤镜效果。这种利用选择区域对图像的不同位置进行多次处理的方法适用于大多数滤镜。

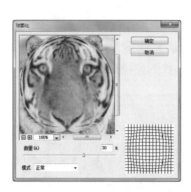

图2.66　使用【球面化】滤镜　　　　图2.67　执行【球面化】滤镜后的效果

2.4.4　【浮雕效果】滤镜

利用浮雕滤镜，可以使彩色的图像或是灰度图像产生浮雕效果。

步骤01 启动Photoshop，打开配套光盘"素材"文件夹中的217.jpg图像文件，这是一幅长城的风景画面，如图2.68所示。

步骤02 如果希望得到灰色调的浮雕效果，还需要进行去色处理。在菜单栏选择【图像】|【调整】|【去色】命令，观察到彩色图像变成了灰度图像，如图2.69所示。

图2.68　一幅长城的风景画面　　　　图2.69　执行【去色】命令后的效果

步骤03 在菜单栏上选择【滤镜】|【风格化】|【浮雕效果】命令，弹出【浮雕效果】对话框，如图2.70所示。用鼠标拖动滑块，即可调节浮雕效果的高度和强烈程度，单击【确定】按钮。观察图像的浮雕效果，如图2.71所示。

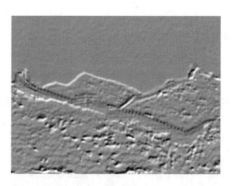

图2.70　使用【浮雕效果】滤镜　　　　图2.71　执行【浮雕效果】滤镜后的效果

步骤04 如果在做滤镜处理之前先把原图层复制，将复制所得的图层转化为灰度图像后做【浮雕效果】滤镜处理，再设置该图层为【线性减淡】混合模式，即会得到半调彩色的浮雕效果，如图2.72所示。

图2.72　半调彩色的浮雕效果

2.4.5　【液化】滤镜

使用液化滤镜可以使图像产生变形、扭曲的效果。在下面的练习中，我们使用【液化】滤镜将炮弹扭曲变形，合成一幅《销毁武器》的宣传画，如图2.73所示。

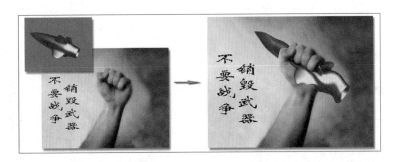

图2.73　《销毁武器》的宣传画

步骤01 启动Photoshop，打开配套光盘"素材"文件夹中的218.jpg和219.jpg图像文件，这是一幅炮弹的画面和一幅握拳的画面，如图2.74所示。

步骤02 在工具栏上使用 （多边形套索)工具将炮弹区域选中，然后使用 （移动)工具将炮弹拖动到握拳图像中，效果如图2.75所示。

图2.74　同时打开两幅图像　　　图2.75　将炮弹图像拖动到握拳图像中

步骤03 在菜单栏选择【滤镜】|【液化】命令，弹出【液化】面板，如图2.76所示。在该面板上选择 ![涂抹工具图标] (涂抹)工具，在【画笔大小】栏内设置合适的笔头大小，然后在视图区内拖动鼠标，即可将炮弹扭曲，变形满意后单击【确定】按钮，效果如图2.77所示。

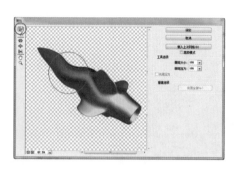

图2.76　使用【液化】滤镜扭曲炮弹　　　　　图2.77　扭曲后的效果

步骤04 在工具栏上选择 ![多边形套索工具图标] (多边形套索)工具，在图层面板上击活背景图层，将拳头区域选择，在菜单栏选择【编辑】|【拷贝】命令，再选择【编辑】|【粘贴】命令，此操作将拳头复制到新图层，并将该图层栏拖动到炮弹图层栏上方，如图2.78所示。

步骤05 在工具栏上选择 ![多边形套索工具图标] (多边形套索)工具，将上层拳头的手心区域选中，在键盘上按下Delete键将该区域删除，得到手握炮弹的效果，如图2.79所示。

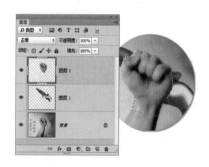

图2.78　复制拳头图像到炮弹图层的上方　　　　图2.79　删除拳头图层的部分区域

2.4.6　【点状化】、【动感模糊】、【旋转扭曲】滤镜

灰色图案经过像素化滤镜后形成致密的斑点，再使用动感模糊滤镜产生横向的条纹，然后使用漩涡滤镜后，会形成木板一样的纹理。下面我们就使用这几个滤镜相互配合，绘制一块木板。

步骤01 启动Photoshop，选择【文件】|【新建】命令，创建一幅400×400像素的图像，然后使用 ![油漆桶工具图标] (油漆桶)工具填充为灰色。

步骤02 在菜单栏选择【滤镜】|【像素化】|【点状化】命令，弹出【点状化】滤镜对话框，如图2.80所示。将单元格大小设置为6像素，单击【确定】按钮，观察到图像中布满了致密均匀的点状纹理，如图2.81所示。

图2.80　使用【点状化】滤镜　　　图2.81　布满了致密均匀的点状纹理

步骤03 在菜单栏选择【滤镜】|【模糊】|【动感模糊】命令，弹出【动感模糊】对话框，如图2.82所示。设置较大的模糊距离，单击【确定】按钮，点状纹理即变为横条纹理，效果如图2.83所示。

图2.82　使用【动感模糊】滤镜　　　图2.83　产生了横条纹理

步骤04 现在调整图案的色调。在菜单栏选择【图像】|【调整】|【色彩平衡】命令，拖动调节滑杆，将图案颜色调整为橙色。

步骤05 在菜单栏选择【滤镜】|【扭曲】|【旋转扭曲】命令，弹出【旋转扭曲】对话框，如图2.84所示。设置较大的旋转角度，单击【确定】按钮，横条纹理被旋转扭曲，效果如图2.85所示。

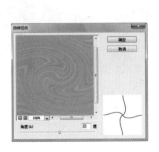

图2.84　使用【旋转扭曲】滤镜　　　图2.85　执行【旋转扭曲】滤镜后的效果

步骤06 在工具面板上选择 ▣ (矩形选框)工具，在视图中选择接近木板纹理的区域，然后选择【编辑】|【拷贝】命令，再选择【编辑】|【粘贴】命令，此操作将所选择区域复制到新图层。在图层面板下部单击 *fx.* (混合选项)按钮，勾选【阴影】和【斜面与浮雕】，效果如图2.86所示。

步骤**07** 将新图层复制多个并排列整齐，得到木板的图像，如图2.87所示。

图2.86 将图像局部制作为浮雕效果

图2.87 复制后得到木板的图像

2.4.7 【粉笔与炭笔】、【绘画涂抹】、【海报边缘】等滤镜

有时我们希望将照片、图画等处理成水粉画、素描画等效果，这时就可以使用【艺术效果】或【素描】滤镜组中的各种滤镜处理，再配合图层、色彩调整等功能，就可以制作出多种艺术画效果。

1.炭笔画效果

步骤**01** 启动Photoshop，打开配套光盘"素材"文件夹中的220.jpg图像文件，这是一幅人物的画面，如图2.88所示。

步骤**02** 将前景色设置为黑色，背景色设置为白色；然后在菜单栏选择【滤镜】|【滤镜库】|【素描】|【粉笔与炭笔】命令，弹出【粉笔与炭笔】滤镜对话框，单击【确定】按钮，彩色图像即被处理成炭笔画效果，如图2.89所示。

图2.88 打开一幅人物图像

图2.89 【粉笔与炭笔】滤镜的效果

2.具有油画笔触感的黑白画效果

步骤**01** 对原图片进行编辑。在菜单栏选择【滤镜】|【滤镜库】|【画笔描边】|【强化的边缘】命令，弹出【强化的边缘】滤镜对话框，如图2.90所示。设置较小的【边缘宽度】和较暗的【边缘亮度】，单击【确定】按钮，图像即被处理成深色描边的效果，如图2.91所示。

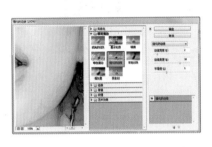

图2.90　使用【强化的边缘】滤镜　　　　图2.91　处理后的效果

步骤02 选择【图像】|【模式】|【Lab颜色】命令，该操作改变图像的色彩模式。选择【图像】|【调整】|【去色】命令，将图像改变为黑白图像。再选择【图像】|【模式】|【RGB颜色】命令，将图像改回原来的色彩模式。

> 注意：将彩色图像转化为灰度图像时，如果先将图像转化为【Lab颜色】色彩模式再执行【去色】命令，得到的灰度图像会有更好的层次。但为了使图像有更好的兼容性，通常在【去色】完成后还要转化回原来的【RGB颜色】色彩模式。

步骤03 在菜单栏选择【滤镜】|【滤镜库】|【艺术效果】|【绘画涂抹】命令，弹出【绘画涂抹】滤镜对话框，如图2.92所示。设置为较大的【边缘强度】值，单击【确定】按钮，图像成为具有油画笔触的黑白画效果，如图2.93所示。

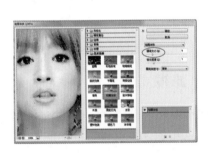

图2.92　使用【绘画涂抹】滤镜　　　　图2.93　具有油画笔触的黑白画效果

3.钢笔淡彩画效果

步骤01 对原图片进行编辑。首先将背景图层复制到新图层，单击 👁 图标将新图层隐藏；在图层面板激活背景图层栏，然后在菜单栏选择【滤镜】|【滤镜库】|【艺术效果】|【海报边缘】命令，弹出【海报边缘】滤镜对话框，如图2.94所示。设置较大的【边缘强度】，单击【确定】按钮，背景图层即被处理成类似海报画的描边的效果，如图2.95所示。

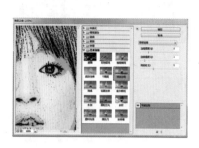

图2.94 使用【海报边缘】滤镜　　　　　　图2.95 类似海报画的描边的效果

步骤02 在菜单栏选择【图像】|【调整】|【去色】命令，背景图层变成黑白图像；然后在菜单栏选择【图像】|【调整】|【亮度/对比度】命令，调节滑块，增加图像亮度和对比度，得到类似钢笔画的图像效果，如图2.96所示。

步骤03 在图层面板上单击新图层的图层栏，显示该图层；调节该图层的不透明度为40%，得到钢笔淡彩画的效果，如图2.97所示。

图2.96 类似与钢笔画的图像效果　　　　图2.97 钢笔淡彩画的效果

2.4.8 【水波】、【球面化】、【液化】滤镜

将彩色图案用【水波】滤镜处理，会形成水波的涟漪效果，再用【球面化】滤镜形成凸出的水面效果，【液化】滤镜使水中的鱼儿呈现折射扭曲。下面我们就使用这几个滤镜绘制一幅鱼儿跃入水中的画面。

步骤01 启动Photoshop，在菜单栏选择【文件】|【新建】命令，创建一幅400像素×300像素的图像，填充为蓝绿色；然后在工具栏上使用 ✐ (画笔)工具在图像上随意绘制黄色和绿色线条；在菜单栏选择【滤镜】|【模糊】|【高斯模糊】命令，使线条变得模糊一些，效果如图2.98所示。

步骤02 在菜单栏选择【滤镜】|【扭曲】|【水波】命令，弹出【水波】滤镜对话框，如图2.99所示。设置样式为【水池波纹】，拖动滑杆使图像产生水波效果，满意后单击【确定】按钮，此时图像的效果如图2.100所示。

图2.98　随意绘制线条并设置模糊

图2.99　使用【水波】滤镜

图2.100　产生的水波效果

步骤03　在菜单栏选择【滤镜】|【扭曲】|【球面化】命令，弹出【球面化】滤镜对话框，如图2.101所示。拖动调节滑块，得到凸出的水面效果，满意后单击【确定】按钮；在菜单栏选择【编辑】|【变换】|【透视】命令，拖动四角的控制手柄调整环状涟漪的形状。此时图像的效果如图2.102所示。

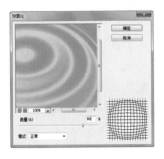

图2.101　使用【球面化】滤镜

图2.102　得到涟漪效果

步骤04　选择【文件】|【打开】命令，打开配套光盘"素材"文件夹中的221.jpg图像文件，这是一幅鱼儿的画面，如图2.103所示。在工具栏上使用 (多边形套索)工具将鱼儿区域选中，然后使用 (移动)工具将鱼儿拖动到水波图像中，再使用【自由变换】命令调整鱼儿的大小和角度，效果如图2.104所示。

图2.103　鱼儿的图像

图2.104　调入涟漪图像中

步骤05　选择【滤镜】|【液化】命令，在【液化】对话框中选择 (涂抹)工具，在鱼儿头部拖动鼠标，使该区域产生折射扭曲的效果；使用 (多边形套索)工具将鱼头区域选择，然后使用【色彩平衡】命令使该区域的色彩偏蓝一些，如图2.105所示。

步骤 **06** 打开配套光盘"素材"文件夹中的222.psd图像文件，这是一幅水花的画面，在工具栏上使用 ⯈⊕ (移动)工具，将水花图层拖动到图像中，再使用【自由变换】命令调整水花的大小和角度，得到鱼儿跃入水中激起水花的效果，如图2.106所示。

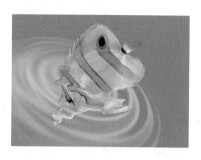

图2.105　使用【液化】滤镜变形鱼的头部　　　　图2.106　调入水花图像

2.5　图层蒙版的使用

"图层蒙版，它的功能就像隐形药水。在图层中添加蒙版后，在蒙版上涂抹颜色，被涂抹的区域可以变成透明的或是半透明的。蒙版上的灰度图案可以控制图层的透明度，如果我们用渐变工具绘制由白到黑渐变图案，被蒙版控制的图层上就会出现由不透明到透明的效果。"

2.5.1　人物的淡入淡出效果

将图层中的图像用淡入淡出效果与另一个图层进行融合，是处理图像时经常使用的效果，这种效果常常是使用蒙版的功能实现的。下面在小宝宝图像的周围制作淡入淡出效果，如图2.107所示。

图2.107　使用【蒙版】功能制作的淡入淡出效果

步骤 **01** 启动Photoshop，打开光盘"素材"文件夹中的223.jpg和224.jpg图像文件，这是一幅宝宝的图片和一幅风景的图片。选择【选择】|【全选】命令，将宝宝图像全部选中，使用 ⯈⊕ (移动)工具将它拖动到风景图像中，如图2.108所示，然后调整大小，如图2.109所示。

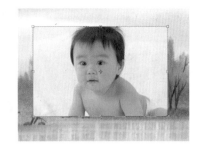

图2.108　将宝宝图片拖动到风景图片中　　　图2.109　调整图像的大小

步骤02→ 现在为宝宝图层添加蒙版。在图层面板上单击 ■ (添加图层蒙版)按钮，在宝宝的图层栏上即出现蒙版的缩略图，如图2.110所示。

步骤03→ 现在我们要做一个简单的试验来试一试蒙版的功能。将前景色设置为黑色，在工具栏上选择 ✐ (画笔)工具，在视图中进行涂抹，在图像中观察到被画笔涂抹的区域变成了透明效果，而在图层面板的蒙版缩略图中则显示了画笔所绘制的黑色区域，如图2.111所示。

图2.110　为图层添加蒙版　　　图2.111　在蒙版上涂抹的效果

步骤04→ 将前景色设置为白色，将背景色设置为黑色；然后在工具栏上选择 ■ (渐变)工具，在该工具的选项栏上设置为【径向渐变】 ■ ，渐变色彩为从前景色到背景色，如图2.112所示。然后从视图的中部向外拖动鼠标，宝宝图层的周围即变成了透明的。在蒙版缩略图中显示出渐变操作的灰度图像，如图2.113所示。

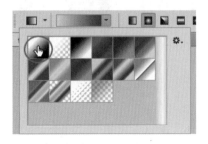

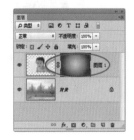

图2.112　设置渐变色　　　图2.113　在蒙版上使用渐变色填充

步骤05→ 如果对蒙版的效果满意，就可以将效果应用在图层上而去掉蒙版。在蒙版缩略图上单击右键，在弹出的快捷菜单中选择【应用图层蒙版】命令，如图2.114所示。观察到蒙版消失了，而淡入淡出的效果还在，如图2.115所示。

图2.114　执行【应用图层蒙版】命令　　图2.115　完成后的淡入淡出效果

2.5.2　逐渐过渡成鱼缸的苹果

利用图层蒙版的功能可以方便地使一个物体逐渐过渡为另一种物体，而观众却难以分辨变化的分界线。下面，利用蒙版这个功能将一个苹果逐渐过渡成鱼缸，效果如图2.116所示。

图2.116　将苹果图像逐渐过渡成鱼缸图像

步骤01► 启动Photoshop。打开本书配套光盘的"素材"文件夹下的yg01.jpg和pg01.jpg图像文件，这是一幅鱼缸的图像和一幅苹果的图像，如图2.117所示。

步骤02► 将苹果图像全部选中并将其复制到鱼缸图像中；在工具栏上选择 ✐(钢笔)工具，沿着苹果的边缘绘制路径曲线，如图2.118所示。

图2.117　鱼缸的图像和苹果的图像　　图2.118　沿着苹果的边缘绘制路径曲线

步骤03► 将路径曲线转化为选区；在菜单栏选择【选择】|【反向】命令，在键盘上按下Delete键将苹果周围的区域删除；取消选区，在菜单栏选择【编辑】|【自由变换】命令，调整苹果的大小和位置，如图2.119所示。

步骤04► 在【图层】面板单击 ▣ (添加图层蒙版)按钮，为"图层1"添加一个图层蒙版；在工具栏选择 ▭ (渐变)工具，使用由白至黑的渐变色在图层蒙版上填充，观察到苹果图像的下半部分变得透明了，如图2.120所示。

图2.119　调整苹果的大小和位置　　　　图2.120　苹果的下半部分变得透明

步骤05 在工具栏选择 ✎ (画笔)工具，设置该工具的"流量"为30%，用黑色在图层蒙版上进行绘制，观察到所绘之处的图像也随之变得逐渐透明，如图2.121所示。如果想使某区域的图像还原为不透明状态，可使用白色在图层蒙版上进行绘制，直到得到满意的融合效果。本例的最终效果如图2.122所示。

图2.121　用画笔在图层蒙版上绘制　　　　图2.122　鱼缸与苹果融合的效果

2.5.3　回顾新学的工具

茶水博士

"本节学习了怎样使用蒙版。为图层设置了蒙版以后，所做的绘制操作是作用在蒙板上，而并非作用在图层上。蒙版中的图像虽然不被显示，但它却控制着图层的透明度。绘在蒙板上黑色的区域使图层变成透明的；白色区域使图层变成不透明的；灰色的区域使图层成为半透明的，灰度的级别决定了图层的透明度。"

蒙板的常用操作如下。

◈ 添加图层蒙板：单击图层面板上的 ◉ (添加蒙版)图标，即对该图层设置了蒙板。

◈ 停用图层蒙板：在图层栏蒙板缩略图上单击右键，弹出快捷菜单，从中选择【停用图层蒙板】命令，则蒙板失去对图层的作用。

━━━ 启用图层蒙板：再次单击蒙板缩览图或在蒙板菜单命令中选择【启用图层蒙板】命令，则该蒙板重新对图层起作用。

━━━ 应用图层蒙板：在蒙板缩览图上单击右键，从快捷菜单中选择【应用图层蒙版】命令，蒙版的效果即被应用在图层上，而蒙版被去除。

━━━ 删除蒙板：用鼠标左键按住蒙板缩览图，向右下拖动到 🗑 (删除)图标上，则该蒙板被删除。

2.5.4　举一反三

打开配套光盘"素材"文件夹中的225.jpg、226.jpg图像文件，这是一幅白云的图片和一幅山岭的图片，如图2.123所示。请使用本节所学的方法将白云与山岭合成一幅图像，并在白云的图层加上蒙版，用画笔或橡皮在蒙版上绘制，形成云雾穿越山岭的效果，如图2.124所示。

图2.123　白云和山岭的图片　　　　　　图2.124　云雾穿越山岭的效果

2.6　通道的使用

"我们在电脑中所接触的彩色图片，大部分都是RGB色彩模式的图片，就是说图片中的各种颜色都是由红、绿、蓝三种基本色调配出来的。原理是在旧式显像管的底部有红、绿、蓝三个电子枪，当红枪与绿枪同时照亮一个像素时，那么这个像素就呈现黄色，当红枪与蓝枪同时照亮一个像素时，这个像素就显现紫色。此三种色彩每一种所占成分的多少的不同便可以调配出五彩缤纷的色彩。红、绿、蓝这三种颜色被称为三原色。"

"你刚才讲的三原色我已经清楚了，那么什么是'通道'呢？"

"先说说颜色通道。在 Photoshop 中，对于 RGB 模式的图片，会将此图片中的三种单色信息记录分别放在三个通道中，对其中任何一个通道操作，都可以控制该通道所对应的一种原色。此外，还有一个复合通道，是用来存放三种单色叠加后的信息。"

"哦，RGB 模式的图片有三个单色通道。那么，颜色通道还有其他形式么？"

"除了 RGB 色彩模式的图像外，常用的还有灰度模式的图像和 CMYK(青、洋红、黄、黑) 色彩模式的图像。灰度图像只记录图像的明暗，它没有颜色信息，就像黑白照片，灰度图像只有一个灰色通道；而 CMYK 模式的图片有 4 个单色通道。

也许你会问，既然 RGB 模式的图片能很好地记录图像的色彩，为什么又会有 CMYK 模式的图片呢？原来，在彩色印刷中，只用红、绿、蓝三原色是不行的，颜料的吸收配色原理与显像管的叠光配色原理是完全不同的。印刷使用的是青、洋红、黄、黑 4 色的配色模式。此 4 种颜色的颜料互相混合，也可以调配出各种颜色。比如：洋红颜料和黄颜料可以混合出橙色，洋红颜料和青颜料可以混合出紫色等。用这 4 种颜色，一个有经验的画家可以调配出自然界中的姹紫嫣红，一台喷墨打印机可以打印出真彩的图片。正由于这个原因，当电子图像应用于印刷时，就要将它转化为 CMYK 模式。对于 CMYK 模式的图片，它的 4 种单色的信息分别记录在 4 个通道中，对其中任何一个单色通道操作，都可以控制该通道所对应的颜色。此外，它还有一个复合通道，用来存放 4 种单色叠加后的信息。"

"除了颜色通道以外，还有其他的通道么？"

"Photoshop 允许用户添加 Alpha 通道，在 Alpha 通道中可以存放和编辑选区。事实上，Alpha 通道是最常使用的通道。我们可以添加多个 Alpha 通道用来存放多个选区；另外，在 Alpha 通道中，选区是以灰度图像的方式保存的，所以修改灰度图像就达到了修改选区的目的，非常方便。下面我们通过几个实例来学习怎样使用通道。"

2.6.1 修正图片的颜色

由于彩色图像的单色信息记录在相应的通道内，所以调整单色通道的亮度、对比度就会影响图像的色调。利用这个特点，可以纠正一些偏色的图片。请看下面的操作。

步骤 **01** 启动Photoshop，打开配套光盘"素材"文件夹中的227.jpg图像文件，这是一幅老虎的图像，如图2.125所示。观察到该画面有些偏绿，下面在通道中减少绿色含量。选择【窗口】|【通道】命令显示出通道面板，如图2.126所示。

图2.125　偏色的老虎　　　　　　　　图2.126　显示通道面板

步骤 **02** 用鼠标单击绿色通道栏；在菜单栏中选择【图像】|【调整】|【亮度/对比度】命令，弹出【亮度/对比度】对话框，如图2.127所示。拖动滑杆降低绿色通道的亮度和对比度，使图像的色彩得到校正，如图2.128所示。

图2.127　【亮度/对比度】对话框　　　图2.128　图像的色彩得到校正

2.6.2　在通道中储存和编辑选区

在Alpha通道中可以存放和编辑选区，这是一个很实用的功能。在工作中，经常创建一些复杂的选区，如果考虑到这个选区在后面的操作中还会用到，可以暂时将它保存在Alpha通道中，当需要时再将它方便地取出。另外，在Alpha通道中，选区是以灰度图像的方式保存的，所以修改灰度图像就达到了修改选区的目的。请看下面的操作。

步骤 **01** 启动Photoshop，打开配套光盘"素材"文件夹中的228.jpg图像文件，这是一幅小女孩的图像，如图2.129所示。

步骤 **02** 在工具栏上选择 （多边形套索)工具，将图像中衣服的区域选中；在菜单栏上选择【选择】|【储存选区】命令，输入所保存的选区名称为"衣服"，单击【确定】按钮，如图2.130所示。

图2.129　一幅小女孩的图像　　　　图2.130　【保存选区】对话框

步骤03 用 （多边形套索)工具，将图像中帽子的区域选中；在菜单栏选择
【选择】|【储存选区】命令，输入所保存的选区名称为"帽子"，单击【确定】
按钮。

步骤04 在菜单栏选择【窗口】|【通道】命令，观察到通道面板上增加了两个
Alpha通道，衣服的选区和帽子的选区分别被保存在这两个通道中，如图2.131所示。

> 注意：通过上面的步骤，选择区域变成了Alpha通道内的灰度图像，使用滤镜、画笔、渐变
> 等工具可以修改这个图像，并随时可以将它重新转化为选区。

步骤05 单击"衣服"通道，视图中以灰度图像的方式显示出选区的形状，将前
景色设置为白色，使用 （画笔)工具在视图中随意画上一道，如图2.132所示。

图2.131　增加了两个Alpha通道　　　　图2.132　用画笔修改图像

步骤06 在菜单栏选择【滤镜】|【模糊】|【高斯模糊】命令，使视图中的图像变
得模糊一些，如图2.133所示。

步骤07 下面将修改后的图像转化为选区。在图层面板中单击小女孩图层，然后
在菜单栏上选择【选择】|【载入选区】命令，将"衣服"通道的选区载入，观察到所
载入的选区改变了形状，如图2.134所示。

> 注意：在Alpha通道中，白色的区域是被选择的区域，黑色区域是未选择区域。在上面的步
> 骤中，使用画笔绘制白色区域即是在图像中添加选区；高斯模糊滤镜使黑白分明的图像变得模
> 糊，重新载入选区后在选区的边缘就会出现"羽化"效果。

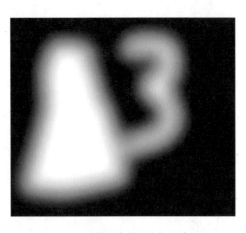 

图2.133　使用【高斯模糊】滤镜处理　　　　　　图2.134　通道转化为选区

2.6.3　利用反差大的单色通道进行选择

在实际工作中经常需要建立很复杂的选区，如果使用 (多边形套索)工具会使工作量很大，根据颜色进行选择又不易做到准确。如果被选择区域的颜色较为单纯，可以考虑在通道中进行选择。在下面的例子中，一颗复杂的松树图像利用单色通道在不到一分种内就可以干净利落地选择出来。

步骤01 启动Photoshop，打开配套光盘"素材"文件夹中的229.jpg图像文件，这是一松树的图像，如图2.135所示。

图2.135　一幅松树的图像

步骤02 我们的目的是将松树的区域选中。在菜单栏选择【窗口】|【通道】命令，显示出【通道面板】。在该面板上观察到蓝色通道中的图像反差最大。用鼠标将蓝色通道栏拖动到 (创建新通道)按钮上，将该通道复制一个新通道，如图2.136所示。

步骤03 现在对复制所得到的新通道进行编辑。在菜单栏选择【图像】|【调整】|【亮度/对比度】命令，弹出【亮度/对比度】调节面板，拖动调节滑块，增大该通道的亮度和对比度，使灰度图像变得黑白分明，效果如图2.137所示。

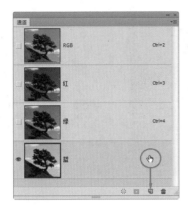 

图2.136　复制反差较大的通道　　　　　图2.137　增大通道的亮度和对比度

步骤**04** 增大单色通道的对比度后，观察到在山坡区域还掺杂着一些白色的像素。使用 ✐ (画笔)工具将它们涂抹成纯黑色，效果如图2.138所示。

步骤**05** 下面将新通道中的图像转化为选区。在图层面板中单击松树图层，然后在菜单栏上选择【选择】|【载入选区】命令，将新通道的选区载入，这样，就快速而准确地选择了复杂的松树区域，如图2.139所示。

图2.138　使用画笔修正图像　　　　　图2.139　通道转化为选区

2.6.4　使用滤镜作用于图像的通道

在本例中，我们将墙壁图层的灰度图像保存在Alpha通道中，再使用【光照效果】滤镜以Alpha通道照射豹的图层，就可以得到以墙壁为底纹的浮雕效果。

步骤**01** 启动Photoshop，打开配套光盘"素材"文件夹中的230.jpg和231.jpg图像文件，这是一幅墙壁的图片和一幅豹的图片。在菜单栏上选择【选择】|【全选】命令，将豹图片中的所有区域选中，然后使用 ⊹ (移动)工具将整个图层拖动到墙壁图片中，如图2.140所示，然后调整豹图像的大小，效果如图2.141所示。

图2.140　在墙壁图像中调入豹的图片　　　　　　　图2.141　调整豹图像的大小

步骤02→ 在图层面板上单击豹图层栏左侧的 👁 图标，将该图层隐藏。

注意：隐藏豹图层是为了在下一步的通道操作中避开豹的图像。

步骤03→ 进入通道面板，将红色通道拖动到 🔳 (创建新图层)按钮上，将其复制一个新通道，新通道被自动命名为"红 拷贝"，如图2.142所示。

步骤04→ 打开图层面板，用鼠标单击豹图层栏，显示豹的图层，如图2.143所示。

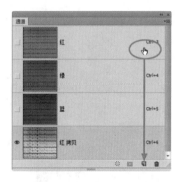

图2.142　复制红色通道　　　　　　　图2.143　显示隐藏的豹图层

步骤05→ 在菜单栏选择【滤镜】|【渲染】|【光照效果】命令，弹出【光照效果】对话框，将纹理通道设置为"红拷贝"，将【高度】设置为2，如图2.144所示。单击【确定】按钮，观察到豹的图层出现了浮雕效果，而浮雕的纹理正是"红 拷贝"Alpha通道的纹理，如图2.145所示。

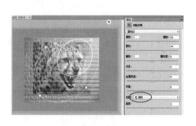

图2.144　使用【光照效果】滤镜　　　　图2.145　执行【光照效果】滤镜后的效果

2.6.5　回顾新学的工具

"本节学习了通道的概念和通道面板的使用方法，在实际工作中我们主要使用通道做以下的工作。

◆当图像偏色时，可以在通道面板中对单色通道分别调整。

◆在通道面板中支持由用户添加Alpha通道，在Alpha通道中绘制的灰度图像可以转化为选区；同理，图像中的选区通过【保存选区】命令可以储存到Alpha通道中并以灰度图像的方式显示，编辑通道中的灰度图像就是编辑选区。

◆将反差较大的单色通道复制后再次增加对比度，然后再将它转化为选区，使用这种方法可以方便地选择很复杂的图像。

◆某些滤镜或色彩调节命令可以作用在单色或Alpha通道上形成特殊的效果，比如【光照效果】滤镜、【计算】命令、【应用图像】命令等。"

"我知道Alpha通道中的灰度图像可以转化为选区，那么灰色的深浅是否决定选择的程度？"

"对。Alpha通道中的灰度图像转化为选区后，白色部分为完全选择，黑色部分为不选择，而灰色部分为半选择状态，灰色越浅，则选择程度越高，利用这些特点可以更方便地编辑选区。"

"本节前面曾经讲到，彩色印刷时要使用CMYK模式的图像，那么是不是应该将图像转化为CMYK模式后再进行编辑？"

"不是这样的。原因是当图像转化为CMYK模式后，许多菜单项和滤镜等变得不可用，同时计算机处理图像的速度会变得很慢。所以通常情况下只有在打印前才将图像转化为CMYK模式。"

2.6.6　现场问与答

怎样撤销错误的操作？怎样使用"快照"功能？

"我知道，如果做错了一步，可以按Ctrl + Z键撤销该步骤的操作。但如果要撤销多步操作，怎么办呢？"

"操作失误或参数调节有误差是实际工作中经常遇到的事，所以撤销错误的操作步骤是必须掌握的技术。默认情况下，在【历史记录】面板上记录了最近操作的20个步骤，单击步骤列表的任意一栏即可恢复到该步，如图2.146所示。如果要全部重做，可在菜单栏选择【文件】|【恢复】命令。

要想保留当前图像的效果，最好为图像创建一个快照。快照是当前图像的临时拷贝，利用它可以快捷地恢复工作。在【历史记录】面板下部单击 （创建快照）按钮，即可创建一个新快照，新快照排列在【历史记录】面板上部的快照列表中，如图2.147所示。创建快照后，不管以后做了多少步操作，只要单击这个快照，图像就会回到创建快照时的状态。

图2.146　【历史记录】面板　　　　图2.147　创建新快照

如果担心由于操作失误而破坏了原始图像，可为图像创建一个拷贝。方法是在菜单栏选择【图像】|【复制】命令。图像拷贝创建后，所有的操作都可以在拷贝上进行，原始图像可以关掉，也可以放在一边做对比参考。"

"太好了。原来Photoshop提供了这么多恢复操作的方法，这样一来我就可以大胆地修改图像了！"

2.7　制作GIF小动画

"动画是怎样产生的？利用 Photoshop 可以制作动画吗？"

"人的眼睛有一个小特点：当一个物体突然在你的眼前消失时，这个物体的图像依然可以在你的眼睛中保留1/10秒的时间，这就是视觉的暂留作用。换句话说：当一个物体在你的眼前消失了小于1/10秒的时间又再次出现时，你并不能明显地察觉到物体曾消失。

另一种情况是：当一个物体在你的眼前消失了小于1/10秒的时间又再次出现，但再次出现的时候改变了一点位置或形状，你的感觉是这个物体动了起来。

爱迪生根据人眼睛的这个特点进行实验：他使用摄影机对人物连续拍摄之后再连续重放，成功地记录了人物的动作，从此发明了电影。

　　　　人们还发现，每秒中更换 4 个画面，即可产生动画效果，不过效果很差；每秒中更换 10 个画面的时候，产生的动画还能看出抖动；每秒中更换 15 个画面的时候就比较流畅了；现代的电影技术是每秒 24 帧，电脑 AVI 格式动画的默认值是每秒 15 帧，PAL 制的电视是每秒 25 帧。

　　　　Photoshop 与其捆绑的 ImageReady 相互配合可以制作 GIF 动画，这种动画文件体积很小，便于在网络上传播，所以广泛应用在网页上。下面通过实例演示 GIF 动画的制作方法。"

2.7.1　小鸟飞翔

　　我们制作一个鸟儿飞翔的动画，如图2.148所示。你会觉得用Photoshop制作动画非常容易，而且是一件很快乐的事。

图2.148　鸟儿飞翔的动画

步骤01►　启动Photoshop，打开配套光盘"素材"文件夹下的802.psd图像文件。这是一幅小鸟的图像，如图2.149所示。在图层面板中观察到，该图像有8个图层，每一层都是小鸟飞翔的一个动作，如图2.150所示。

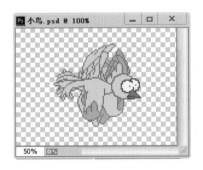

图2.149　小鸟的图像　　　　　　　图2.150　图像共有8个图层

步骤02►　在菜单栏选择【文件】|【新建】命令，创建一幅宽度为560像素、高度为210像素的图像。使用 ▭ (渐变填充)工具将背景填充为天蓝色；再使用 ◢ (画笔)工具绘制两团白云，如图2.151所示。

步骤03►　选择【选择】|【全选】命令，将蓝天图像全部选中；在工具栏上使用 ▶♦ (移动)工具将蓝天图像拖动到小鸟图像中，并将其图层置于底层，如图2.152所示。

图2.151 绘制两团白云 　　　　　图2.152 调入蓝天图像

步骤04 下面设置该图像的动画效果。在菜单栏选择【窗口】|【时间轴】命令，在弹出的【时间轴】面板的下拉菜单中选择【创建帧动画】，此时【时间轴】面板的状态如图2.153所示。在图层面板上将上方的7个小鸟图层隐藏，只显示蓝天图层和第一个小鸟图层，如图2.154所示。

图2.153 【时间轴】设置面板 　　图2.154 只显示蓝天图层和第一个小鸟图层

步骤05 在【动画】面板上单击 🔲 (创建新的帧)按钮，即会为动画增加一帧，如图2.155所示。在图层面板上将自动产生的"帧 2"图层删除，并显示蓝天图层和第二个小鸟图层，如图2.156所示。

图2.155 添加第2帧动画 　　　图2.156 显示蓝天图层和第2个小鸟图层

步骤06 激活蓝天图层，在工具栏上使用 ➤ (移动)工具将蓝天图层向左移动一段距离。为了使蓝天图层移动得更平滑，可以在键盘上多次敲击 ← 键，每敲击一次向左移动一个像素。这样做要事先计算出每帧需要移动多少个像素。

步骤07 在【动画】面板上单击 🔲 (创建新的帧)按钮，为动画加入第三帧，如图2.157所示。在图层面板上将自动产生的"帧 3"图层删除，并显示蓝天图层和第三个小鸟图层，如图2.158所示。

图2.157　添加第3帧动画　　　　图2.158　显示蓝天图层和第3个小鸟图层

步骤08 激活蓝天图层，使用 ![移动] (移动)工具将蓝天图层再次向左移动一段距离。

步骤09 使用同样的方法为动画增加帧，直到做完第8帧。此时动画面板显示的状态如图2.159所示。

图2.159　动画面板显示出所有的帧

步骤10 现在可以观看动画了。在【动画】面板上单击 ► (播放)按钮，观察到小鸟在蓝天上飞翔的动画。咦，怎么停了？别着急，单击【时间轴】面板下部的 ▼ 图标，勾选【永远】，鸟儿便周而复始地飞个不停。

步骤11 在每帧的右下方也有一个很小的 ▼ 图标，单击它可以设置每帧所占用的时间，如图2.160所示。

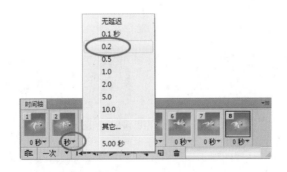

图2.160　设置每帧所占用的时间

步骤12 如果对动画效果满意，就可以将它输出为GIF格式的动画文件。在菜单栏中选择【文件】|【存储为Web所用格式】命令，在弹出的对话框中单击【存储】按钮，这样就将刚才所设置的动画输出为GIF格式的动画图片了。动画序列如图2.161所示。

图2.161　动画序列

2.7.2　飞驰的汽车

"下面学习一种连续动画的制作方法。这样的动画要将它的末尾帧与开始帧衔接得恰当，循环播放动画时才没有停顿的感觉。通常在制作前要经过周密的策划和计算。

　　本例中我们要制作一辆行驶在笔直马路上的汽车，如图2.162所示。这是利用道路两旁的松树不停地向后退去而形成的汽车向前行驶的效果。这个动画共有5帧，如果在这5帧的时间里松树正好后退了两颗树之间的距离，那么循环播放时就不会有停顿的感觉。"

图2.162　永无休止的汽车行驶动画

步骤01　启动Photoshop，创建一幅新图像，将宽度设置为480像素，高度设置为290像素。使用 ▢ (渐变填充)工具在图像的上部填充蓝色作为天空，在图像的下部填充土黄色作为原野，如图2.163所示。使用 ▢ (矩形选框)工具在原野上建立矩形选区，然后使用 ▢ (渐变填充)工具在选取内填充灰色作为马路，如图2.164所示。

图2.163　绘制原野场景　　　　图2.164　绘制灰色的马路

步骤02　创建新图层，使用 ✎ (画笔)工具绘制白云，如图2.165所示。打开配套光盘中"素材"文件夹下的803.psd图像文件，这是一幅汽车的图像。将汽车复制到图中，如图2.166所示。

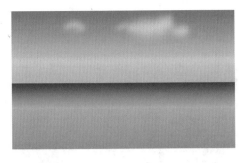
图2.165　绘制白云

图2.166　调入汽车的图像

步骤03　打开配套光盘中"素材"文件夹下的804.psd图像文件，这是一幅松树的图像，该图像的宽度是150像素，如图2.167所示。在菜单栏中单击【定义图案】，输入图案名称为"大松树"，将该松树定义成图案。

步骤04　选择【文件】|【新建】命令，创建一幅宽度为650像素，高度为185像素的图像；创建新图层，并在新图层中填充【大松树】图案，由于所定义的图案宽度为150像素，所以填充形成的这排松树每两棵之间的距离也为150像素，如图2.168所示。

图2.167　松树的图像

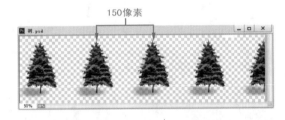
图2.168　填充图案形成一排松树

步骤05　激活原松树的图像，在菜单栏中选择【图像】|【图像大小】命令，将该图像的宽度重新定义为75像素，高度重新定义为88像素，如图2.169所示。然后将该图像也定义成图案，输入图案名称为"小松树"。

步骤06　在菜单栏选择【文件】|【新建】命令，创建一幅宽度为650像素，高度为75像素的图像；创建新图层并在新图层中填充【小松树】图案，由于所定义的图案宽度为75像素，所以填充形成的这排松树每两棵之间的距离也为75像素，如图2.170所示。

图2.169　重新设置图像大小

图2.170　填充一排小的松树

步骤07 将大一些的松树图层调入汽车图像中，排列在汽车图层之上，如图2.171所示。将小一些的松树图层也调入汽车图像中，排列在汽车图层之下，如图2.172所示。

图2.171 调入松树图层

图2.172 调入小一些的松树图层

步骤08 用同样的方法绘制马路的中虚线，保证每隔110像素出现一段虚线，并将虚线图层排列在背景图层之上，如图2.173所示。现在图像中共有6个图层，分别是近树图层、汽车图层、远树图层、白云图层、马路中线图层、场景图层，如图2.174所示。

图2.173 绘制马路中虚线

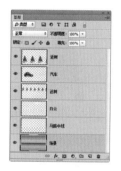

图2.174 图像中共有6个图层

步骤09 现在将图像设置为动画。在菜单栏选择【窗口】|【时间轴】命令，在弹出的【时间轴】面板的下拉菜单中选择【创建帧动画】按钮，在该面板上单击 [图标] (创建新的帧)按钮，添加第2帧动画，如图2.175所示。激活近树图层，在键盘上按30次 ← 键；(每帧移动30像素，5帧就会移动150像素，相当于两颗松树之间的距离)；激活远树图层，按15次 ← 键；激活马路中线图层，在键盘上按22次 ← 键。

步骤10 在动画面板上单击 [图标] (创建新的帧)按钮添加第3帧动画。激活近树图层，在键盘上按30次 ← 键；激活远树图层按15次 ← 键；激活马路中线图层，在键盘上按22次 ← 键。

步骤11 用同样的方法制作第4帧、第5帧动画。

步骤12 单击动画面板下部的 ▼ 按钮，选中【永远】，如图2.176所示。

步骤13 现在可以观看动画了。在动画面板上单击 ▶ (播放)按钮，可观察到汽车永无停止地在马路上行驶。图2.177是动画示意图。

图2.175　添加第2帧动画

图2.176　设置重复播放

图2.177　动画示意图

第3章　12个技巧

阿　德

"通过前两章的学习，我已经会用 Photoshop 完成很多工作了。现在需要掌握的是一些操作技巧，用来提高工作效率和工作质量。例如怎样绘制物体逼真的阴影和倒影？怎样使图像变形？这些技巧可以详细地告诉我吗？"

茶水博士

"当然可以。本章所介绍的就是许多图像工作者在长期实践中所积累的经验和技巧。掌握了它们，你就可以更加快速、熟练地处理图像，成为被人羡慕的高手。"

3.1　定　义　笔　刷

茶水博士

"我们知道，在工具栏上有画笔、铅笔等绘图工具，并可以在这些工具的选项栏上调节笔刷的粗细和形状，而笔刷的功能是非常强大的。在 Photoshop 内部预制了十几种形状的笔刷，并且可以根据工作的需要定义新的笔刷。"

阿　德

"定义笔刷后有什么方便之处呢？"

茶水博士

"如果将一只蝴蝶的图案定义成笔刷，一笔就可以绘制出如图 3.1 所示的多只蝴蝶。同时还可以设置颜色、角度、位置的随机变化，那么瞬间就能绘制出一群五颜六色的角度各异的蝴蝶，如图 3.2 所示。利用这个功能，可以快速地绘制动物毛发、草地、星光等。下面学习定义笔刷的方法。"

图3.1　一笔绘出一串图案　　　　图3.2　一笔绘制出一串五颜六色的图案

3.1.1　操作步骤

步骤01► 启动Photshop；打开配套光盘"素材"文件夹中的301.jpg图像文件，这是一只蝴蝶的图案画，如图3.3所示。

步骤02 在工具栏上选取 (多边形套索)工具将蝴蝶区域选中，单击右键，从快捷菜单中选择【通过拷贝的图层】命令，将蝴蝶图案复制到新的图层，然后删除背景图层，如图3.4所示。

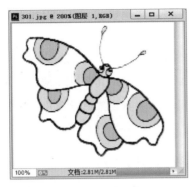

图3.3 蝴蝶的图案

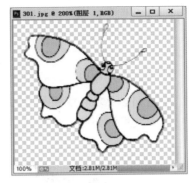

图3.4 删除背景图层

步骤03 在菜单栏选择【编辑】|【定义画笔预设】命令，输入新笔刷的名称，如图3.5所示，然后单击【确定】按钮，这样就将蝴蝶图案定义成为了一个笔刷。

图3.5 输入新笔刷的名称

步骤04 现在我们要用新的笔刷进行绘画了。在工具栏上选择 (画笔)工具，在菜单栏选择【窗口】|【画笔】命令，弹出画笔对话框。我们可以对笔刷的动力学进行调整，从而绘制出整齐的或者是杂乱的图案；也可以设置动态颜色，从而绘制出五颜六色的图案，如图3.6所示。

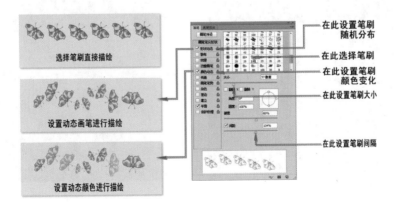

图3.6 笔刷的使用方法

3.1.2 课堂问答

涂抹工具、橡皮工具也可以设置笔刷么？

"我看到在橡皮、图章等工具的选项栏中也有笔刷的选择项，这些工具也可以使用笔刷吗？"

"当然可以，此外还有铅笔工具、涂抹工具等也能选择笔刷，灵活运用笔刷会出现许多特效。比如使用涂抹工具设置点状笔刷，就可以涂抹出毛发效果，如图3.7所示。"

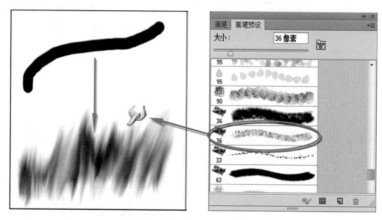

图3.7 为涂抹工具设置笔刷

3.1.3 举一反三

(1)请选择枫叶笔刷，绘制一串五颜六色的枫叶，如图3.8所示。
(2)请绘制一根草的图案，将它定义成笔刷，然后绘制一片草地，如图3.9所示。

图3.8 绘制一串五颜六色的枫叶

图3.9 绘制一片草地

3.2　定义图案

"如果需要在图层中重复平铺某个图案，可以使用【填充图案】的方法。在填充图案之前，要对所需要填充的图案进行定义。在下面的练习中，我们要将昆虫的图案进行定义，然后填充图案，得到以昆虫为底纹的图像。"

3.2.1　操作步骤

步骤01 启动Photoshop；打开配套光盘"素材"文件夹中的302.jpg图像文件，这是一幅昆虫的画面，如图3.10所示。

步骤02 在菜单栏选择【编辑】|【定义图案】命令，输入新图案的名称，如图3.11所示，然后单击【确定】按钮，这样就将图像定义成了一个图案。

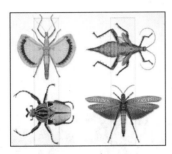

图3.10　昆虫的图案

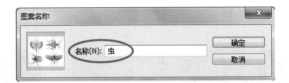

图3.11　输入图案的名称

步骤03 现在我们要用新图案进行填充了。在菜单栏上选择【文件】|【新建】命令，创建一幅800×600像素的图像；然后在菜单栏选择【编辑】|【填充】命令，弹出【填充】对话框，设置为新定义的昆虫图案，如图3.12所示。然后单击【确定】按钮，即可观察到在图像中重复地铺满了昆虫的图案，如图3.13所示。

图3.12　选择刚才定义的图案

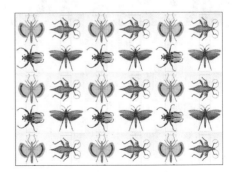

图3.13　使用图案进行填充

3.2.2　举一反三

胶卷的齿孔是大小一致、均匀排列的，请使用【定义图案】和【填充】的方法绘制胶卷的齿孔，如图3.14所示。

图3.14　使用填充图案的方法绘制胶卷的齿孔

3.3　修改图像的缺陷

"（仿制图章）工具可以在画面中蘸取一片图案，然后将该图案'印制'在画面的其他地方，经常用来修补画面的缺陷。例如在图3.15中，我们希望删除画面中的人物，就可以用图章工具蘸取周围的树的图案和路面的图案'印制'在人物的区域，将其覆盖，如图3.16所示。下面就学习图章工具的使用方法。"

图3.15　一条有人物的小径

图3.16　人物被去除

3.3.1　操作步骤

步骤01 启动Photoshop；打开配套光盘"素材"文件夹中的303.jpg图像文件，这是一幅人物在林荫道上的画面。我们将去除图像中的人物。在工具栏上选择 (仿制图章)工具，设置100像素的柔化笔刷，在键盘上按下Alt键不放，当鼠标指针变为十字准星时，在绿树的区域单击，如图3.17所示。这样就"蘸取"了绿树的图案。

步骤02 放开Alt键，用鼠标在人物上半身单击或拖动，该区域即被替换为绿树的图案，如图3.18所示。

图3.17　"蘸取"绿树的图案

图3.18　用绿树图案进行覆盖

步骤03▶ 现在"蘸取"马路的图案。在键盘上按下Alt键不放，当鼠标指针变为十字准星时，在马路的区域单击，如图3.19所示。

步骤04▶ 放开Alt键，用鼠标在人物下半身单击或拖动，该区域即被替换为马路的图案，这样，人物就从图像中消失了，如图3.20所示。

图3.19　蘸取路面的图案

图3.20　用路面图案进行覆盖

3.3.2　举一反三

打开配套光盘"素材"文件夹中的304.jpg图像文件，这是一幅足球运动员的画面，右下角一条其他运动员的腿有些煞风景，如图3.21所示。请使用本节所学的工具将其去除，如图3.22所示。

图3.21　一幅足球运动员的图片

图3.22　将腿用草地图案覆盖

3.4 去 除 皱 纹

"Photoshop 提供了 ▓ (修补)工具和 ✎ (修复画笔)工具,使用这两个工具,可以用一处的纹理替换另一处,而被替换之处的颜色和亮度则变化较小。我们经常利用这个特点修复一些被污损的图片。下面将使用这两个工具去除人物脸上的皱纹。"

3.4.1 操作步骤

步骤01 打开配套光盘"素材"文件夹中的305.jpg图像文件,这是一幅老年人图像,如图3.23所示。选择 ▨ (多边形套索)工具将皱纹较深的额头区域选择,然后在工具栏上选择 ▓ (修补)工具,将选区拖动到皱纹较浅的脸颊区域,如图3.24所示,额头较深的皱纹即被脸颊较浅的皱纹所替换,而颜色和亮度变化不大。

图3.23 一幅老年人图像   图3.24 拖动选区到脸颊区域

步骤02 取消选择;选取 ✎ (修复画笔)工具,按下Alt键不放,当鼠标指针变成十字准星时,在脸颊区域单击;松开Alt键,在脸颊下部单击鼠标,则该处较深的皱纹被替换,如图3.25所示。用同样的方法修复整个脸庞的皱纹,效果如图3.26所示。

图3.25 在脸颊下部单击鼠标   图3.26 修复后的图像

3.4.2　回顾新学的工具

◈（修补）工具

位于工具栏上。使用该工具将选区拖拽到目标区域，选区内即可使用目标区域的纹理而亮度和颜色变化不大。

✎（修复画笔）工具

位于工具栏上。该工具可"蘸取"某一区域的图案或纹理，然后"印制"到其他的区域，而被印制的区域的颜色和亮度变化不大。在该工具的选项栏上可以设置修复画笔的笔刷的形状和混合模式，当将图案的来源设置为【图案】时，可选用已被定义的图案来修复图像。该工具的选项栏如图3.27所示。

图3.27　修复画笔的选项栏

3.4.3　举一反三

打开配套光盘"素材"文件夹中的306.jpg图像文件，这是一幅猩猩的图片，请使用本节介绍的 ◈（修补）工具和 ✎（修复画笔）工具去除猩猩脸上的皱纹，如图3.28所示。

图3.28　为猩猩的图片除皱纹

3.5 灵活运用选择工具

"建立选区是基础又频繁的操作，各种选择工具使用熟练的程度影响着工作的效率和质量。Photoshop 中提供了十几种选择工具，可以根据各种情况使用不同的选择工具达到既快速又准确地建立选区的目的。"

3.5.1 工具箱上的选择工具

▢（矩形选框）工具

选择该工具，在视图中拖动，可建立矩形的选区，如果在该工具的选项栏上勾选【约束长宽比】，即可拖出正方形的选区。另外，按下 ▣（并集）按钮可加入选择区域，按下 ▣（差集）按钮可减去选择区域，按下 ▣（交集）按钮可建立与原选区求交集的选区，如图3.29所示。

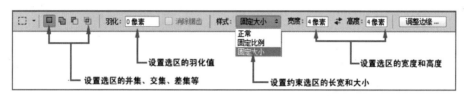

图3.29 矩形选框工具的选项栏

> 注意：在键盘上按下 Shift 键不放，使用选择工具时可加入新选择区域；在键盘上按下 Alt 键不放，使用选择工具时可减去新选择区域。

练习：请使用 ▢（矩形选框）工具绘制如图3.30所示的选区。

◯（椭圆选框）工具

选择该工具，在视图中拖动，可建立椭圆形的选区，该工具的选项栏与 ▢（矩形选框）工具相似，如果勾选【约束长宽比】，即可建立正圆形的选区。

练习：请使用 ◯（椭圆选框）工具、▢（矩形选框）工具绘制如图3.31所示的选区。

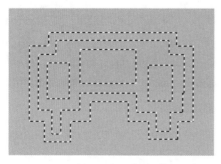

图3.30 使用矩形选框工具绘制选区

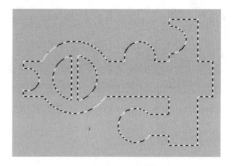

图3.31 两种选择工具配合绘制的选区

(单行选择)工具

使用该工具，在视图中单击，可以建立单行的横向选区。

(单列选择)工具

使用该工具，在视图中单击，可以建立单列的纵向选区。

(多边形套索)工具

使用该工具，在视图中依次单击，即可绘制多边形线条，线条封闭后即形成选区。

(自由套索)工具

使用该工具，在视图中可拖出选区的边缘，松开鼠标后即形成选区。

(磁性套索)工具

使用该工具，在视图中可拖出选区，并且选区的边缘会"吸附"在色彩变化较大的图案边缘上，在主体图案与背景图案颜色差异较大时是一种高效的选择工具。

练习：打开配套光盘"素材"文件夹中的308.jpg图像文件，这是一只小鸭子的图像，请使用 (磁性套索)工具对鸭子区域进行选择，如图3.32所示。

(魔术棒)工具

使用该工具，在视图中单击，会将颜色相近的区域选中，在该工具的选项栏上可以设置容差值，容差值越大所选择的区域就越大。

练习：打开配套光盘"素材"文件夹中的309.jpg图像文件，这是一只鹰的图像，请使用 (魔术棒)工具对鹰的区域进行选择，可多次配合键盘上的Shift键、Alt键加入或减去选区，如图3.33所示。

图3.32　使用磁性套索进行选择

图3.33　使用魔术棒进行选择

3.5.2　【选择】菜单中的选择工具

1.色彩范围

选择【选择】|【色彩范围】命令，弹出【色彩范围】对话框，可对整个图像中与某种颜色相近的区域进行选择。下面举例说明。

步骤01 打开打开配套光盘"素材"文件夹中的310.jpg图像文件，这是一幅山丘的图像，如图3.34所示。我们的目的是快速地选择蓝天的区域。

步骤02 在菜单栏中选择【选择】|【色彩范围】命令，弹出【色彩范围】对话框，如图3.35所示。在该面板上选择 ✔ (吸管)工具，然后在视图中蓝色的区域单击，则整个图像中蓝色的区域被选择，如果所选择的区域不完全，可使用 ✔ (吸管)工具加入新选择颜色，或使用 ✔ (吸管)工具减去新选择颜色；并配合调节颜色容差的滑块，就可以将蓝天区域完全选中。

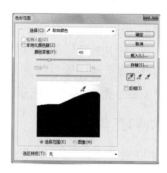

图3.34　一幅山丘的图像　　　　图3.35　【色彩范围】对话框

2.羽化

【羽化】命令可使图像中选区的边缘产生由不被选择到被完全选择的过渡区域，将选区羽化后，可以复制出边缘透明的图像。下面通过实例了解羽化的操作方法和用途。

实例

步骤01 打开打开配套光盘"素材"文件夹中的311.jpg图像文件，这是一幅小船的图像，我们的目的是在小船的周围填充有过渡效果的白色，下面通过填充羽化选区的方法来完成。

步骤02 使用 ♀ (自由套索)工具在图像中建立选区，如图3.36所示。在菜单栏中选择【选择】|【修改】|【羽化】命令，输入羽化半径为30像素，单击【确定】按钮。然后选择【选择】|【反选】命令，这样就将小船之外的区域选择了。

步骤03 将前景色设置为白色；然后在键盘上同时按下Alt键和Delete键，此操作将选区填充为前景色，而羽化的边缘产生了过渡效果，如图3.37所示。

图3.36　建立羽化的选区　　　　图3.37　在选区内填充后产生过渡色效果

3.扩展

在菜单栏选择【选择】|【修改】|【扩展】命令，弹出相应的对话框，该命令可将图像中的选区边缘向外扩展，从而放大选区。例如将鸽子的区域选中后，使用【扩展】命令，则选区被放大，如图3.38所示(鸽子的图像文件见配套光盘"素材"文件夹中的312.jpg)。

4.边缘

在菜单栏选择【选择】|【修改】|【边缘】命令，弹出相应的对话框，该命令可在选区的边缘部分建立选区。例如将鸽子选中后，使用【边缘】命令，则鸽子的边缘被选中，如图3.39所示。

图3.38　对选区进行扩展　　　　图3.39　选择鸽子的边缘

3.5.3　使用快速蒙版转化为选区

"虽然前面介绍了许多快捷准确的选择工具，但要选择图像中的毛发、散乱的丝线等区域，还是效率很低，这时可以使用 ▣ (快速蒙版)工具后再利用画笔进行选择，这是一种很精细的选择方法。下面通过实例介绍它的用法。"

步骤01 打开配套光盘"素材"文件夹中的313.jpg图像文件，这是一幅豹子的图像，如图3.40所示。我们的目的是将豹子的头部连同胡须一齐选中。下面通过 (快速蒙版)工具来完成。

步骤02 在工具面板上选择 (快速蒙版)工具；将前景色设置为黑色，然后选择 (画笔)工具在豹的头部描绘，使用较细的笔刷描绘胡须，如图3.41所示。

步骤03 下面将红色的蒙版区域转化为选区。在工具栏上单击【标准模式】按钮 ，观察到豹的头部连同胡须被精细地选中，如图3.42所示。

图3.40　豹的头部图像　　　图3.41　使用画笔描绘　　　图3.42　所描绘处转化为选区

> 注意：你会惊讶地发现所描绘出的竟然是红色，原来快速蒙版工具是用半透明的红色来表示选区的。

3.5.4　路径转化为选区

"在工具栏上有一个 （钢笔）工具，这是一种绘制路径的工具，可以在图像中绘制准确的直线、曲线、折线等，经常用于绘制图案和准确勾画图像边缘。它的使用方法将在本章3.10节详细介绍，在这里，我们只介绍怎样将路径转化为选区，请做下面的实例。"

步骤01 打开配套光盘"素材"文件夹中的314.jpg图像文件，这是一幅豹子的图像。在工具栏上选择 (钢笔)工具，仔细勾画豹子的轮廓，如图3.43所示。

步骤02 确认当前正在使用路径工具，然后在视图中单击右键，在弹出的快捷菜单中选择【建立选区】命令，路径图形随即转化为选择区域，如图3.44所示。

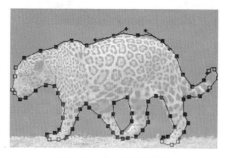

图3.43　勾画豹子的轮廓　　　　　图3.44　路径转化为选区

3.5.5　将通道中的灰度图像转化为选区

茶水博士

"在 Alpha 通道中的灰度图像通过【载入选区】命令即可转化为选区，其中白色的区域被完全选中，灰色的区域根据灰度值成为羽化的半选择状态，黑色的区域不被选中。这是一种快捷省时的选择方法。下面通过实例介绍操作方法。"

实例

步骤01 打开配套光盘"素材"文件夹中的315.jpg图像文件，这是一幅荷花的图像，如图3.45所示。我们的目的是快速地将荷花的区域选中。

步骤02 在菜单栏上选择【窗口】|【通道】命令，视图中即出现通道面板；观察到红色通道内的图像反差最强烈。用鼠标按住红色通道栏，拖动到该面板下部的 🖫 (创建通道)按钮上，此操作将红色通道复制成一个名称为"红色 拷贝"的Alpha通道。Alpha通道的图像如图3.46所示。

图3.45　一幅荷花的图像

图3.46　Alpha通道的图像

步骤03 激活Alpha通道；在菜单栏上选择【图像】|【调整】|【亮度/对比度】命令，增加通道内的图像的反差，调整为黑白分明的图像，如图3.47所示。

步骤04 下面将Alpha通道的图像转化为选区。击活图层面板；在菜单栏选择【选择】|【载入选区】命令，在通道栏内选择"红色 拷贝"，单击【确定】按钮。观察到荷花的轮廓被准确选中，如图3.48所示。

图3.47　调整为黑白分明的图像

图3.48　通道内图像转化为选区

3.6 色彩修正

"制作合成图像时所使用的素材，常常遇到色调不统一的情况，这一方面是拍摄时环境光的缘故，另一方面是冲印不佳造成的。合成图像为了使每个素材的色调相互协调，经常使用色彩调整类工具修正图像的色彩。"

"我知道图像色调的不统一是由许多原因造成的。对于不同的情况是不是要选择不同的色调调整工具呢？"

"对于偏色的图片，可以使用【色彩平衡】命令进行调节，它还能纠正图片暗部与亮部色调不统一的缺陷，比如由于冲印不佳造成的暗部偏青而亮部偏黄的照片。【曲线】命令可以针对色彩的各频段进行大幅度调整，我们有时用它得到反差强烈的图像；有些图片色调发灰，可以选用【亮度／对比度】或【色相／饱和度】进行调整。下面通过几个实例来学习如何修正图像的色调。"

3.6.1 【色彩平衡】命令

在【色彩平衡】调节面板上有三个滑杆，拖动它们即可调节三种原色所占的比例，从而纠正偏色，而且可以对图像的暗部、中间色调和高光区分别进行调整。下面通过实例学习它的使用方法。

步骤01→ 打开配套光盘"素材"文件夹中的316.jpg图像文件，这是一幅树林的图像，如图3.49所示。我们要将它调节得偏向暖色调。

步骤02→ 在菜单栏选择【图像】|【调整】|【色彩平衡】命令，在弹出的调节面板上选中【中间调】单选按钮，然后拖动滑块使颜色偏向红色和黄色，如图3.50所示。

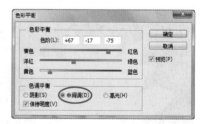

图3.49　一幅树林的图像　　　　　图3.50　拖动滑块即可调整颜色

步骤03→ 下面继续调节图像暗部的色调。首先选中【阴影】单选按钮，如图3.51所示。然后调节滑块，使图像的暗部偏向红色和黄色，单击【确定】按钮。得到一幅暖色的树林图片，如图3.52所示。

图3.51　选中【阴影】单选按钮

图3.52　暖色的树林图片

3.6.2　【亮度/对比度】命令

在【亮度/对比度】调节面板上有两个滑杆，拖动它们上面的滑块即可调节图像的亮度和对比度。另外，对比度增大时颜色的饱和度也会增加。下面通过实例学习它的使用方法。

步骤01　打开配套光盘"素材"文件夹中的317.jpg图像文件，这是一幅灰蒙蒙的飞鸟图像，如图3.53所示。我们要将它调节得鲜亮一些。

图3.53　灰蒙蒙的飞鸟图像

步骤02　在菜单栏选择【图像】|【调整】|【亮度/对比度】命令，在弹出的调节面板上将亮度滑杆调节到－26，对比度滑杆调节到＋63，如图3.54所示。单击【确定】按钮，得到一幅颜色鲜亮的飞鸟图片，如图3.55所示。

图3.54　【亮度/对比度】对话框

图3.55　鲜亮的飞鸟图片

3.6.3 【曲线】和【渐变映射】命令

【曲线】命令可以将输入图像中颜色的亮度与输出图像的亮度以曲线的方式表示，通过调节这条曲线，可以控制输出图像中色彩的亮度，假如曲线被调节成下降状态，则图像中该色段的色彩就会被反转，如图3.56所示为猫咪的图片。我们经常利用这个特性生成一些反差强烈的特殊效果。【渐变映射】命令可以将图像中的色谱与渐变色相对应而替换图像的颜色。下面通过实例学习【曲线】和【渐变映射】命令的使用方法。

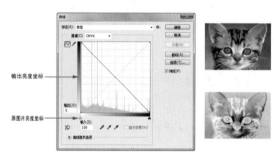

图3.56 【曲线】命令的使用方法

步骤01 打开配套光盘"素材"文件夹中的318.jpg图像文件，这是一幅人物的肖像，如图3.57所示。选择【图像】|【调整】|【去色】命令，使彩色褪去，如图3.58所示。

图3.57 一幅人物的肖像　　　　图3.58 去色后的效果

步骤02 选择【图像】|【调整】|【曲线】命令，在【曲线】面板中用鼠标拖动曲线使它弯曲，如图3.59所示。观察到部分色彩被反转，图像产生了强烈的反差效果，如图3.60所示。

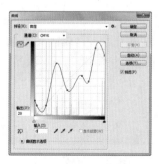

图3.59 调节曲线的弯度　　　　图3.60 反差强烈的图像

步骤03 现在为图像替换颜色。在菜单栏选择【图像】|【调整】|【渐变映射】命令，弹出【渐变映射】对话框，将渐变色设置为蓝－红－黄，如图3.61所示。单击【确定】按钮，图像被替换为渐变色，如图3.62所示。

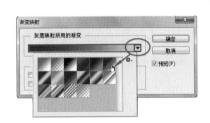

图3.61　【渐变映射】对话框　　　　　　图3.62　替换颜色后的图像

3.6.4　【色相/饱和度】命令

【色相/饱和度】命令是一个可以大幅度调整色相的工具，在保持图像的饱和度、亮度变化较小的情况下可以使色相偏移甚至反相，并且能够分别针对红、黄、绿、青等单色进行调整，下面通过实例学习它的使用方法。

步骤01 打开配套光盘"素材"文件夹中的319.jpg图像文件，这是一幅秋天的树林图像，如图3.63所示。我们要改变它的色相，使它变得像夏天或冬天的树林。

步骤02 在菜单栏选择【图像】|【调整】|【色相/饱和度】命令，拖动色相滑块，使树林变为绿色，单击【确定】按钮，得到夏天的树林，如图3.64所示。

图3.63　秋天的树林图像　　　　　　　图3.64　夏天的树林图像

步骤03 再次使用【色相/饱和度】命令使树林变为淡蓝色，如果颜色产生了不协调，可在【编辑】栏右侧单击 ✦ 按钮，分别选择单色进行编辑，如图3.65所示。调节满意后单击【确定】按钮，得到冬日冷色调的树林，如图3.66所示。

图3.65 对单色进行调整　　　　　　　　　　图3.66 冬日冷色调的树林

3.6.5 【可选颜色】命令

【可选颜色】命令可以方便快捷地针对图像中的某种颜色进行调整。比如：一幅绿树前站立着一位身穿红衣的少女图像，利用该工具对绿色进行调整，只需几秒钟就可以使绿树变成秋天的黄色或是变得更加翠绿，但操作的同时并不会影响人物的颜色。本例将使用该工具对金鱼的图像进行调整，方便地使金鱼变成红鱼或是黄鱼。金鱼的原始图像与调节后的效果如图3.67所示。

图3.67 将金鱼变成红鱼或是黄鱼

步骤01 打开配套光盘"素材"文件夹中的333.jpg图像文件，这是一幅金鱼的图像，下面使用【可选颜色】命令改变金鱼的颜色并使背景的绿色更加亮丽。

步骤02 在菜单栏选择【图像】|【调整】|【可选颜色】命令，在弹出的调节面板中将【颜色】设置为红色，拖动调节滑块，参数如图3.68所示。观察到金鱼变成红色。将【颜色】设置为绿色，拖动滑块增加青色，观察到背景变得更加翠绿。

步骤03 在菜单栏选择【编辑】|【还原】命令撤销刚才的操作；选择【图像】|【调整】|【可选颜色】命令，在弹出的调节面板中将【颜色】设置为红色，拖动调节滑块，参数如图3.69所示。观察到金鱼变成黄色。将【颜色】设置为绿色，拖动滑块增加青色和减少黄色，观察到背景的绿色变得更加鲜艳。

图3.68　金鱼变成红色　　　　　　　　图3.69　金鱼变成黄色

3.6.6　现场问与答

色彩小知识

阿德　"颜色是由哪几种属性构成的？"

茶水博士　"颜色具有色相、饱和度、亮度三种属性，也就是说，使用色相、饱和度、亮度三个指标就可以描述一种颜色。色相用来描述颜色处于色谱中的位置；饱和度用来描述灰色成分所占的比例，灰色比例越小，则色彩饱和度越高；亮度用来描述白色成分的多少。"

阿德　"相近色与互补色是怎么会事？"

茶水博士　"在色环上相邻的颜色称为相近色，对应的颜色称为互补色，如图3.70所示。使用相近色构成的画面色彩和谐，互补色构成的画面反差强烈。"

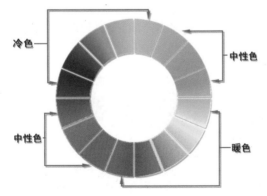

图3.70　色环图案

阿德　"怎样调配千变万化的色彩？"

83

"配色有两种规律，一种是发光配色，另一种是吸光配色。发光配色适用于自身发光的物体，比如显像管、霓虹灯、LED 发光广告牌等；吸光配色适用于吸收光谱的颜料，比如绘画和印刷。在发光配色时，红、绿、蓝被称为三原色，规律是红色光与绿色光相加会形成黄色光，红色光与蓝色光相加会形成紫色光等，如图 3.71 所示。而在吸光配色时，洋红色、黄色、青色被称为三原色，规律是洋红色与黄色相混合形成橙色，黄色与青色相混合形成绿色，如图 3.72 所示。"

图3.71 发光三原色　　　　图3.72 吸光三原色

"我知道了，显像管是发光配色，虽然只有红、绿、蓝三个电子枪，却能播放彩色图像；喷墨打印机是吸光配色，使用洋红色、黄色、青色颜料就能打印出颜色丰富的彩色画面。"

3.7　制作阴影和倒影

"我们生活在光的世界中，影子是无处不在的，如果所合成的图像中忽略了阴影与倒影，观众是不肯答应的。本节学习如何利用半透明的图层制作物体的阴影与倒影。"

3.7.1　物体的阴影

在本例中，我们要将小号合成到图像中，然后新建图层，提取小号的选区，填充深蓝色，变换后形成阴影。过程如图3.73所示。

图3.73 合成图像并制作阴影

步骤**01** 打开配套光盘"素材"文件夹中的320.jpg、321.jpg图像文件，这是一只小号和一幅蓝色背景的图像，如图3.74所示。我们要把小号合并到背景图像中。

步骤**02** 在工具栏上选择 ▽ (多边形套索)工具，将小号的区域选中；然后选择 ▶+ (移动)工具将小号拖动到背景中，选择【编辑】|【变换】|【逆时针旋转90度】命令，使小号垂直放置，如图3.75所示。

图3.74　同时打开两幅图像　　　　图3.75　合成到背景中

步骤**03** 用鼠标在图层面板上按住小号的图层栏不放，拖动到 ▢ (创建新图层)按钮上，如图3.76所示，复制小号图层。

步骤**04** 在图层面板上击活下层的小号图层，使用 ▶+ (移动)工具移动图层，使下层的小号显示出来。在键盘上按下Ctrl键不放，在图层面板上单击下层的小号图层，观察到图层中有图案的区域全部被选中。

步骤**05** 将前景色设置为黑色，在键盘上按下Alt+Delete组合键，此操作将图层中的选区填充为前景色，效果如图3.77所示。

图3.76　复制小号图层　　　　图3.77　在小号选区内填充黑色

步骤**06** 在菜单栏上选择【编辑】|【变换】|【扭曲】命令，拖动四角的变换手柄，使黑色的小号图案变换为阴影的形状，如图3.78所示。

　　注意：如果对使用【变换】的方法得到的阴影形状不满意，可以使用 ✎ (画笔)工具修改不足之处；还可以使用色彩调整工具调节阴影的颜色；如果你只需要淡淡的阴影，可以将图层的不透明度降低一些。

步骤07 下面使阴影模糊一些。在菜单栏选择【滤镜】|【模糊】|【高斯模糊】命令，将模糊半径设为5像素，单击【确认】按钮。得到小号逼真的阴影，如图3.79所示。

图3.78 变换黑色阴影的形状

图3.79 模糊后的阴影效果

3.7.2 现场问与答

怎样确定影子的角度、长度？

阿 德

"我已经学会了使用半透明的深色图层来模拟阴影。有没有更精确的方法来确定阴影的角度和长度？"

茶水博士

"很多画家使用几何透视法确定阴影的方向和长度。方法是先从光源向投影面绘制垂直线确定支点，从支点向物体绘制直线就确定了阴影的方向线；再从光源向物体绘制直线，与方向线相交，就确定了阴影的长度，如图3.80所示。这样绘制的阴影才能经得住推敲。"

图3.80 确定阴影长度的方法

3.7.3 物体的倒影

很多情况下还要制作合成图像的倒影，这也是利用图层的功能实现的。如果倒影是在凹凸不平的物体上产生的，还应使用【波纹】、【液化】等滤镜使倒影变形。下面要将小船合成到湖面上，并利用图层的功能制作小船的倒影，如图3.81所示。

图3.81 合成图像并制作倒影

步骤01 打开配套光盘"素材"文件夹中的322.jpg、323.jpg图像文件，这是一艘小船和一幅水面的图像，如图3.82所示。我们要把小船合并到水面中。

步骤02 在工具栏上选择 （多边形套索）工具，将小船的区域选中；然后选择 （移动）工具，将小船拖动到水面上，如图3.83所示。

图3.82 同时打开两幅图像

图3.83 将小船拖到湖面上

步骤03 用鼠标在图层面板上按住小船的图层栏将其拖动到 （创建新图层）按钮上，将小船图层复制；然后选择【编辑】|【变换】|【垂直翻转】命令，并使用 （移动）工具将小船移动到合适的位置，效果如图3.84所示。

步骤04 在菜单栏选择【编辑】|【变换】|【斜切】命令，拖动调节手柄，使翻转的小船图层变得像倒影的形状，如图3.85所示。

图3.84 复制小船并垂直翻转

图3.85 变换倒影的形状

步骤05→ 下面使用滤镜产生倒影波纹的效果。在菜单栏选择【滤镜】|【扭曲】|【波纹】命令，弹出【波纹】滤镜对话框，设置波纹大小为【中】，如图3.86所示。单击【确定】按钮，倒影即产生了波纹的扭曲效果。

步骤06→ 还要使倒影淡一些。在图层面板上将倒影图层的不透明度设置为60%，得到逼真的倒影效果，如图3.87所示。

图3.86 使用【波纹】滤镜

图3.87 小船的倒影效果

3.7.4 倒影的透视解决

"上一节中使用垂直翻转的半透明图层制作了倒影的效果。然而在很多情况下，倒影不仅仅是图层的简单翻转，还需要考虑倒影的形状改变，这是因为倒影的观察角度与物体的观察角度不同。所以经常要使用【切变】、【液化】等滤镜改变倒影的形状。在制作如图3.88所示立方体的倒影时，也不是图层的简单翻转，像图3.89那样的倒影显然不正确。这时，可以将翻转的图像分成两半，分别变形，就可以得到真实的倒影了，如图3.90所示。请看下面的演示。"

图3.88 没有倒影的盒子

图3.89 错误的倒影

图3.90 正确的倒影

步骤01→ 打开配套光盘"素材"文件夹中的324.psd图像文件，这是一个立方体盒子放置在桌面上的图像，我们要为盒子制作倒影。

步骤02→ 首先将盒子图层复制；在菜单栏选择【编辑】|【变换】|【垂直翻转】命令，并使用【自由变换】命令改变新复制的图层高度。再使用 ⚓ (多边形套索)工具将盒子的左侧区域选中，如图3.91所示。

步骤**03** 在菜单栏选择【编辑】|【变换】|【扭曲】命令，拖动【扭曲】的调节手柄使选择区域内的图像变形，如图3.92所示。

步骤**04** 使用 (多边形套索)工具将盒子的右侧区域选中，在菜单栏选择【编辑】|【变换】|【扭曲】命令，拖动调节手柄，使选择区域内的图像变形，如图3.93所示。

图3.91　选择翻转图像的左侧　　　图3.92　变换图像左侧　　　图3.93　变换图像右侧

步骤**05** 使用 (多边形套索)工具将倒影图层多余的部分选中，在键盘上按Delete键将其删除；并在图层面板上调解图层的不透明度，使倒影变得淡一些，如图3.94所示。

步骤**06** 在图层面板上单击 (创建新图层)按钮，创建一个空白的新图层；然后在工具栏中选择 (多边形套索)工具在空白图层中绘制一个阴影形状的选区，填充为黑色，如图3.95所示。

步骤**07** 在菜单栏选择【滤镜】|【模糊】|【高斯模糊】命令，使阴影图层变得模糊一些；再降低阴影图层的不透明度，使得透过阴影可以看到桌面，效果如图3.96所示。

图3.94　降低不透明度　　　　图3.95　用黑色绘制阴影　　　图3.96　完成后的阴影与倒影

3.7.5　逼真倒影的制作技巧

"观察图3.97、图3.98图像中的倒影可以知道，随着反射面与物体的距离逐渐增加，倒影变得越来越淡、越来越模糊，影像的饱和度也越来越低。为了使倒影更加逼真，可以使用以下的方法实现这样的效果。"

图3.97 距离越远倒影越淡   图3.98 距离越远倒影越模糊

(1) 使用蒙版的功能使图像逐渐变得透明，可以使倒影越来越淡；也可以使用 （橡皮）工具设置较小的力度，反复擦拭图层，使图层逐渐变得透明。

(2) 选择 （模糊）工具，在视图中拖动，可以使图像的局部变得模糊；由于反射表面材质的不同，倒影的模糊有时具有方向性，可以使用【动感模糊】滤镜来达到这样的效果。

(3) 选择 （海绵）工具，在选项栏上设置为【去色】模式，然后在视图中拖动鼠标，可以使图像局部的饱和度降低。

3.8 穿越图像

"在 Photoshop 中，虽然一个图层不能穿越其他图层，但可以将图层复制后重新排列，再根据需要删除图层的局部，在视觉上达到一幅图像穿越另一幅图像的效果。下面我们就用这个方法制作一支步枪穿破一幅照片的效果，如图 3.99 所示。"

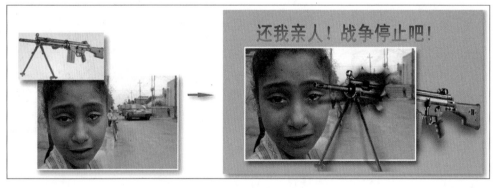

图3.99 制作一支步枪穿破一幅照片的效果

3.8.1 操作步骤

步骤01 启动Photoshop，选择【文件】|【新建】命令，创建一幅宽为800像素、高为500像素的图像，并填充灰色。然后打开配套光盘"素材"文件夹中的326.jpg图像文件，这是一幅战争中的小女孩的图像，如图3.100所示。

步骤02 在菜单栏选择【选择】|【全选】命令，将小女孩的图像全部选中，然后使用 ▶⊕ (移动)工具将其拖动到灰色图像中，如图3.101所示。

图3.100　打开小女孩的图像

图3.101　拖动到灰色图像中

步骤03 打开配套光盘"素材"文件夹中的327.jpg图像文件，这是一支步枪的图像，如图3.102所示。在工具栏上选择 ▷ (多边形套索)工具，将步枪的图像区域选中，然后使用 ▶⊕ (移动)工具将它拖动到灰色图像中，并排列于小女孩图层的下方，如图3.103所示。

图3.102　打开步枪图像

图3.103　将步枪合成到图像中

步骤04 现在删除小女孩图层的局部。为避免步枪图层的干扰，可在图层面板单击步枪图层栏左侧的 ◉ (眼睛)图标将其隐藏。击活小女孩图层，使用 ▷ (多边形套索)工具绘制封闭选区，然后在键盘上单击Delete键将该区域删除，如图3.104所示。

步骤05 在图层面板上单击 ◰ (创建新图层)按钮，创建一个新图层；在新图层中用 ▷ (多边形套索)工具绘制图片撕裂的效果，然后填充为白色，如图3.105所示。

图3.104　删除多边形选区

图3.105　绘制图片撕裂的效果

步骤06 使用 ⊠ (魔术棒)工具选择其中一个白色区域，在工具栏上选择 ▭ (渐变)工具，渐变色设置为红色到黑色，对选区进行填充。然后再用 ⊠ (魔术棒)工具选择另一个白色区域进行渐变填充，填充完毕后，如图3.106所示。

步骤07 在图层面板上单击 🔲 (创建新图层)按钮，创建一个新图层，使用 ✎ (画笔)工具绘制撕裂的阴影，再将该图层向下排列一层，并使用【高斯模糊】滤镜使阴影模糊，如图3.107所示。

图3.106　填充渐变色　　　　　　　图3.107　绘制撕裂的阴影

步骤08 激活步枪图层，选择步枪的前半部分复制到新图层，并将其排列到图层的最上方，如图3.108所示。

步骤09 使用 ✎ (多边形套索)工具选择多余的区域，在键盘上按下Delete键将其删除，效果如图3.109所示。

图3.108　复制步枪的前半部分到新图层　　　图3.109　删除多余的区域

步骤10 在图层面板上单击 👁 (眼睛)图标显示步枪图层，这时就出现步枪穿越了图像的效果。在工具栏上选择 T. (文字)工具输入文字。最后还要制作图片和步枪的阴影，这些相信你已经很熟练了，不必多说。完成的效果如图3.110所示。

图3.110　步枪穿越照片的效果

3.8.2 举一反三

打开配套光盘"素材"文件夹下的328.jpg、329.jpg图像文件，这是飞机和镜框的图像，如图3.111所示。请使用本节讲述的方法制作飞机穿越镜框的效果。

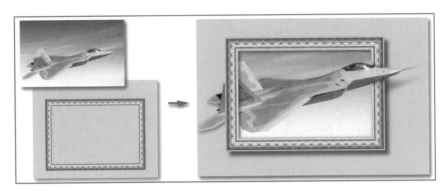

图3.111 制作飞机穿越镜框的效果

3.9 弯 曲 图 像

"使用【切变】滤镜可以使图像变得弯曲，对于弯曲效果不满意的局部再用【液化】滤镜修正。本例是使酒杯弯曲，得到酒杯相互缠绕的效果，如图3.112所示。"

图3.112 制作酒杯相互缠绕的效果

3.9.1 缠绕的酒杯

步骤01 启动Photoshop，打开配套光盘"素材"文件夹中的329.psd图像文件，这是两个高脚酒杯的图像。

步骤02 在图层面板上单击上层的图层栏，击活左侧的酒杯图层，将它拖动到 （创建新图层)按钮上将它复制，这是为了增加一个备份图层。

步骤03 在菜单栏选择【滤镜】|【扭曲】|【切变】命令，弹出【切变】滤镜对话框，如图3.113所示。用鼠标在控制线上拖动，即可增加控制点，使图像弯曲，如果想

删除某个控制点，只要用鼠标将它拖动到窗口外面即可。调节满意后单击【确定】按钮，得到弯曲的酒杯图像，如图3.114所示。

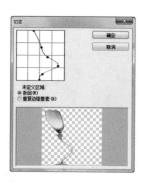

图3.113 使用【切变】滤镜 　　　图3.114 弯曲后的酒杯

步骤04 我们并不希望酒杯的头部被弯曲。调出备份的酒杯图层，使用【自由变换】命令，调整合适的角度，并删除其余的部分，替换被弯曲的酒杯头部，如图3.115所示。

步骤05 酒杯的颈部也不是我们需要的形状，可以使用【液化】滤镜进行修正。在菜单栏选择【滤镜】|【液化】命令，在该对话框中选择 ![涂抹] (涂抹)工具，调整合适的笔刷大小，在窗口中拖动鼠标，即可修正它的形状，得到如图3.116所示的效果。

图3.115 替换被弯曲的酒杯头部 　　　图3.116 修正酒杯的形状

步骤06 在图层面板上击活右侧酒杯图层的图层栏，然后在菜单栏中选择【滤镜】|【扭曲】|【切变】命令，弹出【切变】对话框，用鼠标拖动控制线使其弯曲，如图3.117所示。单击【确定】按钮，得到弯曲的酒杯。

步骤07 酒杯的头部不是我们需要的形状，使用【液化滤镜】进行修正。在菜单栏选择【滤镜】|【液化】命令，在该对话框中选择 ![涂抹] (涂抹)工具，在窗口中拖动修正它的形状，如图3.118所示。

图3.117　使用【切变】滤镜

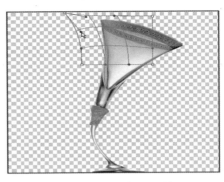
图3.118　使用【液化】滤镜

步骤08 现在制作左侧的酒杯绕到右侧酒杯后面的效果。在图层面板上单击左侧酒杯的图层栏将其击活，然后在工具栏上使用 █(多边形套索)工具，选择图3.119所示的酒杯交叉区域，再使用 █(涂抹)工具在选区内拖动，使它变得弯曲并且模糊，得到透过玻璃被折射的效果，如图3.120所示。

图3.119　选择酒杯交叉区域

图3.120　透过玻璃被折射的效果

步骤09 最后使用色彩调整类工具调整背景，使它与酒杯的色彩协调，还可以为酒杯制作倒影。这样一幅浪漫的酒杯缠绕图像就完成了，如图3.121所示。

图3.121　酒杯缠绕图像

3.9.2　一枝弯曲的花

茶水博士

"使用【极坐标】滤镜可以将图像弯曲成环形，也可以将环形的图像打开，下面我们用它弯曲一枝花。"

步骤01▶ 打开配套光盘"素材"文件夹中的331.psd图像文件，这是一枝花的图像，如图3.122所示。由于【极坐标】滤镜会将图像弯曲360度而拉得很长，所以要横向复制几个并使用【自由变换】命令纵向放大，如图3.123、图3.124所示。

图3.122　一枝花的图像　　　　图3.123　横向复制花朵　　　　图3.124　将花朵纵向放大

步骤02▶ 在菜单栏选择【滤镜】|【扭曲】|【极坐标】命令，弹出【极坐标】对话框，如图3.125所示。选中【平面坐标到极坐标】单选按钮，单击【确定】按钮，得到弯曲成环形的花朵，如图3.126所示。

图3.125　使用【极坐标】滤镜　　　　图3.126　得到弯曲的花朵

步骤03▶ 再打开配套光盘"素材"文件夹中的332.jpg图像文件，这是一个花瓶的图像，请将弯曲的花朵复制几个"插"到花瓶中，如图3.127所示。这个过程相信你已经很熟练了，不再赘述。

图3.127　将弯曲的花朵复制并与花瓶图像合成

3.9.3　举一反三

请使用本节所讲述的【切变】滤镜和【极坐标】滤镜，相互配合，绘制如图3.128所示的花纹。

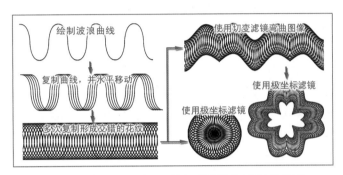

图3.128　请使用【切变】滤镜和【极坐标】滤镜绘制花纹

3.10　灵活使用路径工具

　　"路径工具是Photoshop提供的绘制图形的工具，可以绘制准确的曲线、折线、圆角方形、各种预置的图形等，是精确描边、手绘时离不开的工具。另外，路径所绘制的是矢量图形，无论放大多少倍它都是清晰的。"

　　"我知道路径工具所绘出的是一条细细的线，并且将图像保存为某些图像格式后就消失了。那么这些线是怎样转化成图像的呢？"

　　"许多图像格式可以储存路径信息，如 *.jpg、*.psd、*.tif 等，而 *.bmp、*.gif 等图像格式就不能储存路径信息。路径绘制后，可以对它进行描边、填充、转化为选区、转化为蒙版等操作，这样路径曲线就变成图像了。下面学习路径的有关操作。"

3.10.1　绘制路径

步骤01 启动Photoshop，新建一幅宽为400像素、高为300像素的图像。

步骤02 绘制一个心形的图形。首先在工具栏上选择 📝 (钢笔)工具，在该工具的选项栏上按下 ▨ (绘制路径)按钮，然后在视图中单击绘制封闭的多边形，绘制过程如图3.129所示。再选择 🖋 (添加锚点)工具在多边形上单击，即可增加控制点；如果想删除某个控制点，则选择 🖉 (删除锚点)工具在控制点上单击即可；如果要将折线改变为曲线，就用 ⌃ (转换锚点)工具在控制点上拖动，即可出现曲线的控制手柄；如果要移动控制点的位置，就选择 ▹ (直接选择)工具拖动控制点；如果要移动整个图形，就选择 ▸ (路径选择)工具，拖动整个图形。灵活运用这些工具，即可绘制各种形状的图形。

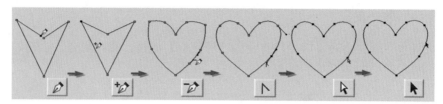

图3.129　路径工具的绘制过程

注意：可以使用键盘来切换各种路径工具：当使用 ◊ (钢笔)工具时，在键盘上按Ctrl键可切换为 ◊ (直接选择)工具，按Alt键可切换为 ◊ (转换锚点)工具，按Shift键可绘制出垂直、水平和呈45度倾斜的直线。如果要绘制非封闭的曲线，按Esc键将结束该条曲线的绘制。

3.10.2　绘制预置图形

"Photoshop中预置了多个常用的图形，可以使用 （自定形状）工具快捷地将它绘出。另外，当你绘制了一个满意的路径图案并且想永久地将它保存时，可以单击右键，在弹出的命令快捷面板中选择【定义用户形状】命令，这个路径形状就被保存在预置图形库中，以后就可以随时将它绘出。下面学习如何绘制预置图形库中的图形。"

步骤01 在工具栏上选择 ◊ (自定形状)工具，在该工具的选项栏上单击【形状】右侧向下的箭头，出现形状选择面板，如图3.130所示。在该面板的右上角单击 ▾≡ 按钮，可载入更多的图形，用鼠标在形状列表中单击即可选择需要的形状。

步骤02 在选项栏上按下 █ (绘制路径)按钮，然后在视图中拖动，即可方便地绘制出所选择的图形，如图3.131所示。

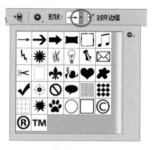

图3.130　形状选择面板

图3.131　绘制所选择的图形

3.10.3　对路径描边

"当我们绘制完路径曲线后，可以将它转化为选区，方法是单击右键，在弹出的快捷菜单中选择【转化为选区】命令；也可以选择 ◊ (铅笔)工具、 ◊ (画笔)工具、 ◊ (仿制图章)工具、 ◊ (涂抹)工具等沿着路径描边。描边时还能设置【有模压效果】描边方式，即可以显示出笔触的轻重。下面学习对路径描边的方法。"

步骤01 启动Photoshop，新建一幅宽为400像素、高为300像素的图像。然后在工具栏上选择 ✑ (钢笔)工具绘制一条路径曲线，如图3.132A所示。

步骤02 将前景色设置为红色；在工具栏上选择 ✑ (铅笔)工具，在该工具的选项栏上将笔刷直径设置为15像素；然后在工具栏上选择任何一种路径工具，在视图中单击右键，在弹出的快捷菜单中选择【描边路径】命令，并设置以 ✑ (铅笔)工具进行描边，观察到用铅笔工具沿路径描边的效果，如图3.132B所示。

步骤03 如果你需要描边的效果是由细逐渐变粗，那也很方便。在视图中单击右键，在弹出的快捷菜单中选择【描边路径】命令，在弹出的对话框中勾选【有模压效果】，单击【确定】按钮，观察到由细逐渐变粗的描边效果，如图3.132C所示。

图3.132 使用描边路径的方法绘制曲线

步骤04 有时需要绘制一串珍珠或是一串花环，那需要许多连续的图案，这时使用路径描边的方法是很快捷的。在工具栏上选择 ✑ (钢笔)工具绘制一条路径曲线，如图3.133A所示。然后选择 ✑ (画笔)工具，将它的笔刷设置为花朵的图案；再选择任何一种路径工具，在视图中单击右键，在弹出的快捷菜单中选择【描边路径】命令，在弹出的对话框中设置为 ✑ (画笔)工具，单击【确定】按钮，路径曲线上出现了一串花朵的图案，如图3.133B所示。

步骤05 如果你需要描绘出随机变化的图案，比如使花朵图案的位置、大小、颜色产生随机变化，那就需要在【画笔面板】上设置花朵笔刷的位置、大小、颜色的动力学，请参考本章3.1节内容。然后单击右键，选择【描边】命令，就会观察到在路径曲线上出现了一串五彩缤纷的花朵图案，如图3.133C所示。

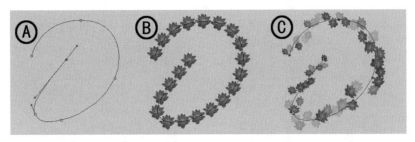

图3.133 设置图案类型的笔刷描边路径

3.10.4 举一反三

请使用路径工具绘制图形并填充颜色，如图3.134所示。

图3.134　请使用路径工具绘制图形并填充颜色

3.11　高级替换颜色

茶水博士

"改变图像的颜色是很常用的操作。在本书第1章曾介绍过使用【色相／对比度】命令来更改图像颜色，该工具虽然操作便捷，但某些时候却不适用。这是因为图像的颜色常常不是纯色的，例如图3.135中的汽车，由于反光的原因，在它车身的不同部位会混入天空的颜色和环境的颜色。在使用【色相／对比度】命令更改车身颜色时，所混入的颜色会一同被更改色相，最终的效果常常与原始的环境色不匹配，车身的颜色也显得不纯净了，如图3.136所示。如果采用本节介绍的【色相】混合模式的方法来替换车身颜色，就会避免这些问题，效果如图3.137所示。本节还介绍 （颜色替换画笔）和【替换颜色】命令的使用方法。"

图3.135　汽车的图像

图3.136　车身的颜色显得不纯净　　　图3.137　替换为多种纯净的颜色

3.11.1　使用【色相】混合模式替换颜色

步骤01→ 启动Photoshop。打开配套光盘"素材"文件夹中的334.jip图像文件，这是一幅汽车的图像。

步骤02→ 在工具栏选取 🏹(多边形套索)工具，在图像中圈选车身上的喷漆区域，如图3.138所示。在图层面板上单击 ☐(新建图层)按钮创建一个新图层，将前景色设置为红色，使用 🪣(颜料桶)工具在选区中进行填充，如图3.139所示。

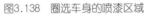
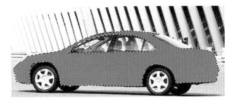

图3.138　圈选车身的喷漆区域　　　　　　图3.139　在选区内填充红色

步骤03→ 在图层面板上将混合模式设置为【色相】，如图3.140所示。此时观察到汽车变成红颜色了，如图3.141所示。

图3.140　将混合模式设置为【色相】　　　　图3.141　汽车变成红色

步骤04→ 激活背景图层；在菜单栏选择【图像】|【调整】|【色相/饱和度】命令，拖动调节滑杆增大选区内图像的饱和度及降低亮度，如图3.142所示。

> 注意：颜色是由色相、饱和度、亮度三要素构成的，本例上面图层中的红色只能限制汽车的色相，当需要调整饱和度及亮度时就要到背景图层去调整。

步骤05→ 激活图层1；在菜单栏选择【图像】|【调整】|【色相/饱和度】命令，拖动【色相】调节滑块更改填充色的色相，观察到汽车的颜色随之发生改变，并且所得到的各种颜色都很纯正，如图3.143所示。

图3.142　【色相/饱和度】调节面板　　　　图3.143　各种颜色都很纯正

3.11.2　使用颜色替换画笔替换颜色

"当需要替换较繁琐图案的颜色时，最为方便的工具莫过于 🖌 （颜色替换画笔）工具了，它可以方便地使用前景色来替换图像中的颜色，同时保留原有的亮度。恰当地设置【容差】参数可避免颜色外溢。下面通过替换人物的衣服及衣服上的花纹的颜色来介绍该工具的使用方法。"

步骤01 启动Photoshop。打开配套光盘"素材"文件夹中的335.jip图像文件，这是一幅蓝衣女子的图像，如图3.144所示。

步骤02 将前景色设置为红色；在工具栏选取 🖌 (颜色替换画笔)工具，在该工具的选项栏将【取样】参数设置为【连续】，如图3.145所示。

图3.144　蓝衣女子的图像　　　　图3.145　设置颜色替换画笔

步骤03 在人物衣服的大块蓝色区域拖动鼠标，观察到该处的颜色被前景色所替换，但依旧保留着原有的亮度，如图3.146所示。

步骤04 现在为衣服上的花纹替换颜色。将前景色设置为黄色；选取 🖌 (颜色替换画笔)工具，设置为较小的笔刷，并将【取样】参数设置为【一次】，这样即可保证只在颜色相近的区域替换颜色。在衣服上的花纹区域拖动鼠标，观察到该处的颜色被前景色所替换，但依旧保留原有的亮度。如果颜色经常溢出花纹区域，可在该工具的选项栏将【容差】参数降低到25%，如图3.147所示。

图3.146　替换大块蓝色区域

图3.147　为衣服上的花纹替换颜色

3.11.3　使用【替换颜色】命令替换颜色

"【替换颜色】命令的可贵之处在于它将【色相／饱和度】命令和【色彩范围】选择方法巧妙地结合起来，成倍地提高了工作效率。用它将一只滚轴鞋的鞋面替换成多种颜色只需要几秒钟时间，如图 3.148 所示。试问，还有哪一种工具比它更快捷呢？下面就介绍该工具的使用方法。"

图3.148　将鞋面替换成多种颜色

步骤01 启动Photoshop。打开配套光盘"素材"文件夹中的336.jip图像文件，这是一幅滚轴鞋的图像。

步骤02 选择【图像】|【调整】|【替换颜色】命令，在弹出的【替换颜色】面板中拖动【色相】调节滑块，此时颜色并不发生变化。在该面板上选取 🖋 (颜色范围吸管)工具，在鞋面上的蓝色区域单击鼠标，观察到鞋面的一部分改变了颜色，如图3.149a所示。

步骤03 在该面板上选取 🖋 (加入颜色范围吸管)工具，在鞋面上的其他蓝色区域单击鼠标，观察到鞋面上更多的区域改变了颜色，如图3.149b所示。如果影响了鞋带、花边等区域的颜色，可换用(减去颜色范围吸管)工具，在该处单击鼠标。

步骤04 当鞋面上的蓝色区域全部被改变了颜色时，可拖动【色相】、【饱和度】和【明度】三个调节滑块进一步调节颜色，直到满意，如图3.149c所示。

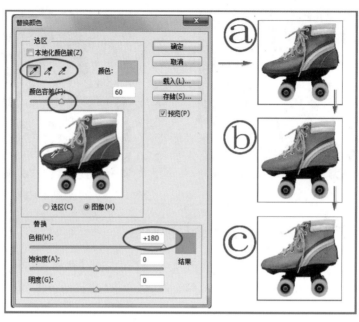

图3.149 【替换颜色】面板

3.12 自动处理图像

 "专业的图像工作者有时需要将大量的图像做相同的处理，比如将几百幅图像的对比度统统提高20%，再裁切成统一的大小。如果将每幅图像都按部就班地进行操作，不仅会耗费大量的时间，还避免不了人为的出错。但如果使用Photoshop的自动批处理功能，你可以一边品尝着咖啡，一边看着计算机自动地将你定制的文件夹中的全部图像在短时间内处理好。下面就介绍【动作】面板和【自动批处理】命令的使用方法，从此把自己从繁重的工作中解放出来。"

3.12.1 使用动作

在【动作】面板预制了许多成组的操作步骤，被称为"动作"。只要选择一种动作，再单击 ▶ (播放)按钮，就会在当前图像上自动执行该动作中的操作步骤。下面通过为一幅人物肖像加上相框来演示动作的执行方法。

步骤01 启动Photoshop。打开配套光盘"素材"文件夹中的337.jip图像文件，这是一幅人物肖像，如图3.150所示。

步骤02 在菜单栏选择【窗口】|【动作】命令，打开【动作】面板；单击该面板右上角的 按钮，在弹出的命令菜单中选择【载入动作】，选择【画框】动作组将其载入。然后在动作列表中选择【照片卡角】，如图3.151所示。

图3.150　一幅人物肖像

图3.151　【动作】面板

步骤03 单击【动作】面板下部的 ▶ (播放)按钮,计算机开始飞快地执行【照片卡角】动作中的操作步骤,几秒钟后观察到肖像被加上了卡角式相框,如图3.152所示。

步骤04 打开【历史记录】面板,观察到在执行动作前计算机已自动记录了一个【快照1】,这是为了防止执行结果不如意时能够及时恢复。单击 📷 (建立快照)按钮创建一个【快照2】,将当前的效果以快照的形式保留。再单击【快照1】回到人物肖像的原始状态,如图3.153所示。

步骤05 在【动作】面板上选择【天然材质画框】,单击 ▶ (播放)按钮,几秒钟后观察到肖像周围又产生了一个新的相框。如图3.154所示。

图3.152　照片卡角相框的效果

图3.153　【历史记录】面板

图3.154　天然材质相框的效果

步骤06 打开【历史记录】面板,在该面板上单击【快照2】,显示出上一个相框。比较这两个相框的效果,选择一个喜欢的进行存盘。

3.12.2　录制动作

Photoshop预制了上百种动作,还可以录制新的动作来满足工作的需要。下面通过实例介绍录制动作的方法,并使用这个新动作制作一个螺旋状图案。

步骤01 启动Photoshop;在菜单栏选择【文件】|【新建】命令,创建一幅宽600像素、高400像素的图像。

步骤02 在图层面板上单击 ▣ (新建图层)按钮创建一个空白图层;使用 ▣ (矩形选框)工具建立长方形选区,使用 ▣ (渐变)工具在选区内填充渐变色,填充完毕后取消选区，此时图像的效果如图3.155所示。

步骤03 在菜单栏选择【窗口】|【动作】命令，将【动作】面板打开；在该面板上单击 ▢ (新建动作)按钮，弹出【新动作】对话框，输入新动作的名称为"螺旋图案"，如图3.156所示。此时 ● (记录)按钮自动被按下。

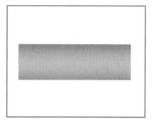

图3.155 绘制渐变色长方块   图3.156 创建新动作

步骤04 在图层面板上将【图层1】复制，在菜单栏选择【编辑】|【自由变换】命令，将【图层1 拷贝】缩放至原来大小的90%，并旋转15度。选择【图像】|【调整】|【色相/对比度】命令，将色相滑块拖动至＋5。观察到以上这些操作都被录制到动作面板上，如图3.157所示。单击【动作】面板下部的 ■ (停止)按钮停止记录。

步骤05 激活新录制的动作"螺旋图案"，单击【动作】面板下部的 ▶ (播放)按钮，计算机自动执行所录制的动作，多次单击该按钮，图层被多次复制、旋转、变色，形成螺旋状图案，如图3.158所示。

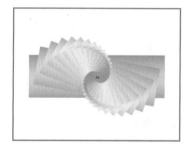

图3.157 操作被录制到【动作】面板   图3.158 形成螺旋状图案

3.12.3 图像的批处理

如果要将大量的图像做相同的处理，最好使用Photoshop的自动批处理功能。该功能可以在短时间内将成百上千的图像处理完毕并存盘。在进行自动批处理之前，通常先建立两个文件夹，一个文件夹内存放需要处理的全部图像文件，另一个文件夹是空的，准备保存处理后的图像。下面使用自动批处理的方法将10幅彩色图像全部处理成黑白浮雕效果。

步骤01 将本书配套光盘"素材"文件夹中的"批处理前"文件夹复制到电脑的D盘上，这里预先保存了10幅图像。另外在电脑的D盘新建一个文件夹，将该文件夹命名为"批处理后"。

步骤02 启动Photoshop；打开【动作】面板，在该面板的下部单击 ▢ (新建动作)按钮创建一个新动作，并将新动作的名称命名为"黑白浮雕"，如图3.159所示。此时 ◉ (记录)按钮自动被按下，如图3.160所示。

图3.159　将新动作命名为"黑白浮雕"　　图3.160　记录按钮自动按下

步骤03　打开"批处理前"文件夹中的任意一幅图像，在菜单栏选择【图像】|【调整】|【去色】命令，图像即变为黑白图像；选择【滤镜】|【风格化】|【浮雕】命令，将黑白图像处理成浮雕效果，如图3.161所示。选择【文件】|【另存为】命令，将该文件另存在"批处理后"文件夹中；另存完毕后关闭该图像。

步骤04　此时可以观察到上一步骤中的所有操作都被记录在【动作】面板中，如图3.162所示。在该面板的下部单击 ◼ (停止)按钮停止记录。

图3.161　黑白浮雕效果　　图3.162　操作步骤均被记录

步骤05　选择【文件】|【自动】|【批处理】命令，在弹出的【批处理】对话框中将【动作】设置为新录制的动作"黑白浮雕"；单击【选取】按钮，将源文件夹的路径指向"D:\批处理前"，勾选【覆盖动作"打开"命令】；单击【选择】按钮，将目的文件夹的路径指向"D:\批处理后"，勾选【覆盖动作"另存为"命令】。如图3.163所示。设置完毕后单击【确定】按钮。这时观察到计算机自动地将"批处理前"文件夹中的图像按照排列顺序进行打开、处理、另存到"批处理后"文件夹、关闭图像操作。数秒钟后将10幅图像全部处理成黑白浮雕效果，如图3.164所示。

图3.163　【批处理】对话框　　图3.164　自动处理了全部图像

第4章 制作特效字

阿 德

"在制作广告招贴、包装设计时要用到各种漂亮的文字，比如立体字、火焰字、金属字等，这些特效字是怎样制作的？"

茶水博士

"制作特效字和处理图像一样，要用到图层、滤镜、通道等。有时制作一个漂亮的文字要用到Photoshop的很多功能，所以在学习制作特效字的同时，还应把以前所学的各种操作融会贯通，这是非常有意义的事。一个人特效字做的好，可以说明他Photoshop的功底很深。本章通过实例介绍多种特效字的制作方法。"

4.1 铜 板 字

茶水博士

"首先使用铜色渐变对文字区域进行填充，形成文字表面平整反光的效果；再对文字的边缘做相反方向的渐变填充，形成有导角效果的铜板字，如图4.1所示。"

图4.1 具有导角效果的铜板字

操作步骤

步骤01 启动Photoshop，新建一幅宽为700像素、高为300像素的图像，填充为黑色。在工具栏上选择 **T.** (文字)工具，输入"铜板字"，并使用【自由变换】命令调整文字到合适的大小，如图4.2所示。

步骤02 在图层面板的文字图层栏上单击右键，在弹出的快捷菜单上选择【栅格化图层】命令，将文字像素化；在键盘上按住Ctrl键不放，用鼠标在图层面板上单击文字图层栏，将文字区域全部选中，如图4.3所示。

图4.2 输入汉字   图4.3 选中文字区域

步骤03 在工具栏上选择 ▣ (渐变)工具，然后在该工具的选项栏上单击色谱示意窗右侧向下的箭头，弹出预置色谱列表，在其中选择【铜色渐变】，如图4.4所示。

步骤04 在视图中由上至下拖动鼠标，选区即被渐变填充，效果如图4.5所示。

图4.4 设置铜色渐变色

图4.5 填充文字区域

步骤05 现在扩展文字的选区。在菜单栏选择【选择】|【修改】|【扩展】命令，在弹出的对话框中输入扩展量为4像素，如图4.6所示。单击【确定】按钮，观察到文字的选区被扩展的效果，如图4.7所示。

图4.6 【扩展】对话框

图4.7 文字的选区被扩展

步骤06 在图层面板上单击 ▣ (创建新图层)按钮，创建一个空白的新图层；在工具栏上选择 ▣ (渐变)工具，在视图中由下至上拖动鼠标，选区即被渐变填充，然后在图层面板上将该图层向下移动一层，使原来的文字覆盖于上方，效果如图4.8所示。

步骤07 在图层面板上单击 ▣ (创建新图层)按钮，创建一个空白的新图层；在键盘上按下Ctrl键，并用鼠标单击文字图层的图层栏，即可提取文字区域的选区；将前景色设置为黑色，在键盘上同时按下Alt键和Delete键，即可在空白图层的选区内填充黑色，然后将该图层移动到文字图层下方。此时图层面板如图4.9所示。

图4.8 再次进行渐变填充

图4.9 图层面板上显示的状态

步骤08 现在要使黑色文字图层模糊一些。在菜单栏选择【滤镜】|【模糊】|【高斯模糊】命令，将模糊半径设置为5像素，得到文字的阴影效果，在图层面板设置该图层的不透明度，可以控制阴影的深浅。最终效果如图4.10所示。

图4.10　铜板字效果

4.2　斜　切　字

"利用【混合选项】面板中的【斜面与浮雕】可以在文字的边缘产生斜切效果，再调整【光泽等高线】等参数，可以产生清晰的斜切纹理字，如图4.11所示。"

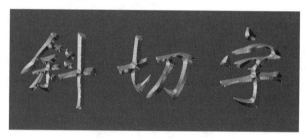

图4.11　斜切纹理字

步骤01 启动Photoshop，新建一幅宽为700像素、高为300像素的图像，填充为灰蓝色。在工具栏上选择 **T.** (文字)工具，输入"斜切字"，如图4.12所示。

步骤02 在文字图层栏上单击右键，弹出快捷菜单，选择【栅格化图层】命令，将文字转化为图像；然后在图层面板的底部单击 **fx.**【添加图层样式】按钮，如图4.13所示。

图4.12　输入汉字

图4.13　单击按钮

步骤03 在弹出的【图层样式】面板上双击【斜面与浮雕】文字栏，将【方法】设置为【雕刻柔和】，【光泽等高线】选择波浪的图形，还可以设置光线角度等参数，如图4.14所示。满意后单击【确定】按钮，得到的斜切效果如图4.15所示。

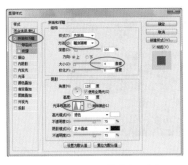 

图4.14　【图层样式】面板　　　　　　　　图4.15　文字的斜切效果

步骤04·→ 为了得到更强烈的效果，还要进行色调调节。在菜单栏选择【图像】|
【调整】|【曲线】命令，在弹出的【曲线】面板中调节曲线的弯度，即可调节文字的
对比度和饱和度，如图4.16所示。满意后单击【确定】按钮。

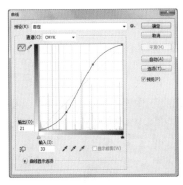

图4.16　使用【曲线】调节命令

步骤05·→ 在图层面板的右上角单击 按钮，弹出图层命令列表，在其中选择
【拼合图层】。文字的最终效果如图4.17所示。

图4.17　斜切字效果

4.3　金　属　字

　　"本例使用【浮雕滤镜】使文字产生鼓包效果；使用【色彩平衡】
命令使文字呈现金黄色；使用【铬黄滤镜】表现金属的强烈反差；最后
使用【叠加】模式混合图层，得到金属字效果，如图4.18所示。"

图4.18 金属字效果

操作步骤

步骤01 启动Photoshop，新建一幅宽为700像素、高为300像素的图像，填充为灰色。在工具栏上选择 T. (文字)工具，输入"金属字"，如图4.19所示。

步骤02 在键盘上按下Ctrl键不放，用鼠标单击文字图层栏，则文字区域即被选中；在菜单栏选择【选择】|【储存选区】命令，输入选区的名称为"文字"，如图4.20所示。然后单击【确定】按钮，将选区保存备用。

图4.19 输入汉字

图4.20 保存文字选区

步骤03 在图层面板上将背景图层栏拖动到 🔲 (创建新图层)按钮上，复制一个新的灰色图层；再将该图层与文字图层链接，选择【拼合链接图层】命令与文字图层拼合。

步骤04 选择【滤镜】|【风格化】|【浮雕效果】命令，在弹出【浮雕效果】对话框中拖动调节滑块，使文字产生浮雕效果，如图4.21所示。单击【确定】按钮，文字的效果如图4.22所示。

图4.21 使用【浮雕效果】滤镜

图4.22 浮雕文字效果

步骤05→ 现在要调出刚才保存的文字选区。选择【选择】|【载入选区】命令，在【通道】选择名称为"文字"的选区，如图4.23所示。单击【确定】按钮，文字选区被重新载入。

步骤06→ 在菜单栏选择【选择】|【反选】命令，则文字以外的区域被选中；在键盘上按下Delete键将选区内的图像删除，只保留了文字部分，如图4.24所示。

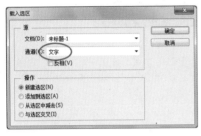

图4.23　载入文字选区

图4.24　删除文字以外的区域

步骤07→ 现在调整文字的颜色。在菜单栏选择【图像】|【调整】|【色彩平衡】命令，拖动调节滑块，使色彩偏向红色和黄色，如图4.25所示。一次调节后颜色不够饱和，可以再做一次。现在文字变成橙色，如图4.26所示。

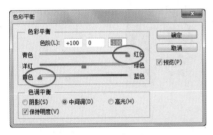

图4.25　使用【色彩平衡】命令调节色彩

图4.26　文字变成橙色

步骤08→ 在图层面板上用鼠标按住文字的图层栏，拖动到 □ (创建新图层)按钮上，此操作将文字图层复制；然后在菜单栏选择【滤镜】|【滤镜库】|【素描】|【铬黄渐变】滤镜，文字便呈现出镀铬的效果，如图4.27所示。

步骤09→ 在图层面板上将该图层的混合模式设置为【叠加】，与下层的文字图层相链接，再选择【拼合链接图层】，文字呈现出金属的光泽，如图4.28所示。

图4.27　使用【铬黄】滤镜后的效果

图4.28　设置图层混合模式

步骤10→ 在图层面板下部单击 **fx.** (混合选项)按钮，在弹出的【图层样式】面板上勾选【斜面与浮雕】，适当调整参数后得到逼真的金属字，如图4.29所示。

图4.29 金属字效果

4.4 雕 刻 字

"首先在通道面板中将文字做【高斯模糊】处理,使用【最小化】滤镜缩小通道中的文字区域,再使用该通道控制来【光照滤镜】对文字图层进行照射,形成雕刻字效果,如图4.30所示。"

图4.30 雕刻字效果

步骤01 启动Photoshop,打开配套光盘"素材"文件夹中的401.jpg图像文件,这是一幅木板的图像,如图4.31所示。在工具栏上选择 T. (文字)工具,输入"雕刻字",如图4.32所示。

图4.31 打开木板图案

图4.32 输入汉字

步骤02 在键盘上按下Ctrl键不放,用鼠标单击文字图层栏,则文字区域即被选中;在菜单栏选择【选择】|【储存选区】命令,输入选区的名称为"文字",然后单击【确定】按钮,将文字选区保存备用。

步骤03 在确认文字区域被选中的情况下,单击木板图层栏激活木板图层,在菜单栏选择【编辑】|【拷贝】命令,再选择【编辑】|【粘贴】命令,得到一个以木板图案为纹理的文字图层,删除原文字图层。隐藏木板图层后的效果如图4.33所示。

步骤04　在菜单栏选择【窗口】|【显示通道】命令，观察到刚才保存的选区已被保存在通道中，单击【文字】通道栏，视图中会以黑白图像显示出选区，如图4.34所示。

图4.33　木板纹理字

图4.34　通道中的文字图像

步骤05　在菜单栏选择【滤镜】|【模糊】|【高斯模糊】命令，设置模糊半径为10像素，单击【确定】按钮，使通道中的图像变得模糊一些。

步骤06　在菜单栏选择【滤镜】|【其他】|【最小值】命令，设置缩小半径为2像素，如图4.35所示。单击【确定】按钮，则视图中的白色区域被缩小，如图4.36所示。

图4.35　使用【最小值】滤镜

图4.36　白色区域被缩小

步骤07　打开图层面板，在键盘上按下Ctrl键不放，在图层面板单击文字图层栏，则文字区域被选中；在菜单栏选择【选择】|【反选】命令，则文字以外的区域被选中。打开【通道】面板，在选区内填充白色，此时文字通道的效果如图4.37所示。

步骤08　在图层面板激活木板纹理字图层；在菜单栏选择【滤镜】|【渲染】|【光照效果】命令，弹出【光照效果】对话框，将光线类型设置为【平行光】，纹理通道设置为【文字】，如图4.38所示，单击【确定】按钮。木板纹理字图层即产生了雕刻效果。

图4.37　在通道中的文字周围填充白色

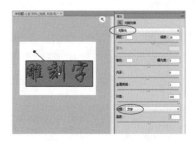

图4.38　使用【光照效果】滤镜

注意：【光照效果】滤镜借助于通道中的灰度图像形成光照浮雕效果，所以制作雕刻字成功的关键在于通道中黑白文字图像的层次是否丰富。在【光照效果】对话框中调整【曝光度】参数可以控制雕刻字最终的亮度。

步骤09► 在菜单栏选择【图像】|【调整】|【亮度/对比度】命令，适当调整文字图层的亮度，最后效果如图4.39所示。

图4.39　雕刻字效果

4.5　铁　艺　字

"将文字图层进行复制、扩展，形成两个重叠放置的文字图层，分别对两个图层进行参数不同的【浮雕与斜面】处理，得到铁艺字效果，如图 4.40 所示。"

图4.40　铁艺字效果

操作步骤

步骤01► 启动Photoshop，选择【文件】|【新建】命令，创建一幅宽为700像素、高为300像素的图像，使用 ▣ (渐变)工具填充为红色，如图4.41所示。然后在工具栏上选择 T. (文字)工具，输入"PHOTO"，如图4.42所示。

图4.41　填充渐变色背景

图4.42　输入文字

步骤02 在键盘上按下Ctrl键不放，用鼠标单击文字图层栏，则文字区域即被选中；在菜单栏选择【选择】|【修改】|【扩展】命令，输入扩展半径为5像素，得到被放大的文字选区，如图4.43所示。

步骤03 单击 (创建新图层)按钮创建一个新图层，在该图层的选区内填充棕色，即得到一个笔画较粗的文字图层。将该图层排列到原文字图层之下，此时图像的效果如图4.44所示。

图4.43　扩展文字选区　　　　　　　　　　　图4.44　在选区内填充颜色

步骤04 激活笔画较细的原文字图层，然后在图层面板的下部单击 fx.(添加图层样式)按钮，弹出【图层样式】面板，在其中勾选【斜面与浮雕】，将【样式】设置为【内斜面】，如图4.45所示。设置完毕后单击【确定】按钮，得到具有浮雕效果的文字图层，如图4.46所示。

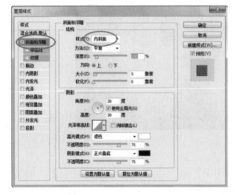

图4.45　【图层样式】面板　　　　　　　　　图4.46　浮雕效果的文字图层

步骤05 激活笔画较粗的文字图层，使用同样的方法制作文字的浮雕效果，注意这一次要调整浮雕的光线方向与前一次相反，两个图层叠加后的效果如图4.47所示。

步骤06 现在创建文字的阴影。激活背景图层，再单击 (创建新图层)按钮，就会在背景图层的上方创建一个空白的图层。提取文字的选区，在空白图层的选区内填充黑色，即得到一个黑色的文字图层。然后在菜单栏选择【编辑】|【变换】|【斜切】命令，拖动控制手柄，使文字歪斜，形成阴影图层，如图4.48所示。

图4.47　另一个文字图层也做浮雕效果　　　　图4.48　制作阴影图层

步骤07 用【高斯模糊】滤镜使阴影图层变得模糊一些，效果如图4.49所示。

图4.49 完成后的铁艺字效果

4.6 火 焰 字

"用【刮风滤镜】将文字吹出毛刺，用【波浪滤镜】使文字和毛刺扭曲，再利用【曲线】命令调节成火焰的颜色，可以得到火焰燃烧的文字，如图4.50所示。"

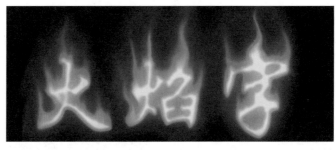

图4.50 火焰字效果

步骤01 启动Photoshop，新建一幅宽为700像素、高为300像素的图像，填充为黑色。在工具栏上选择 T.(文字)工具，输入橙色的"火焰字"，如图4.51所示。

步骤02 在图层面板上单击 ▼≣ 图标，在弹出的命令面板上选择【拼合图层】，将文字图层与背景图层合并。

步骤03 由于【刮风】滤镜只能"吹"水平的风，所以要先把画布旋转。在菜单栏选择【图像】|【旋转画布】|【90度(逆时针)】命令，将画布旋转，如图4.52所示。

图4.51 输入汉字

图4.52 将图像旋转

步骤04 在菜单栏选择【滤镜】|【风格化】|【刮风】命令，设置风向为从右向左，单击【确定】按钮。如果感到效果不明显，可以再做一次该滤镜，效果如图4.53所示。

步骤05 在菜单栏选择【图像】|【旋转画布】|【90度(顺时针)】命令，将画布旋转回原来的状态，如图4.54所示。

图4.53 使用【刮风】滤镜　　　　　　图4.54 将图像旋转回原来的状态

步骤06 要使文字和毛刺扭曲，可以使用【波浪】滤镜或【波纹】滤镜。在菜单栏选择【滤镜】|【扭曲】|【波浪】命令，弹出【波浪】对话框，首先设置生成器数和波长的大小，然后单击【随机化】按钮，可预览到文字被扭曲的效果，如图4.55所示。满意后单击【确定】按钮，效果如图4.56所示。

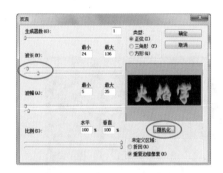 

图4.55 使用【波浪】滤镜　　　　　　图4.56 文字被扭曲

步骤07 要使文字变成火焰的颜色，可以使用【色彩平衡】、【曲线】等命令。在菜单栏选择【图像】|【调整】|【曲线】命令，弹出【曲线】对话框，用鼠标拖动曲线使其弯曲，文字的颜色随之改变，如图4.57所示。满意后单击【确定】按钮。还可以使用【亮度/饱和度】命令调节文字的亮度，得到明亮的火焰效果，如图4.58所示。

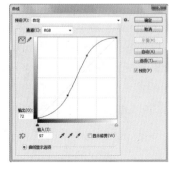 

图4.57 使用【曲线】命令调节颜色　　　　　图4.58 得到明亮的火焰效果

步骤**08** 要使火焰具有飘动的效果，可以使用【液化】滤镜。在菜单栏选择【滤镜】|【液化】命令，弹出【液化】对话框，在该对话框中选择 ⚑ (涂抹)工具，设置适当的笔刷大小，在文字的边缘拖动，使火焰飘动得更加自然，如图4.59所示。

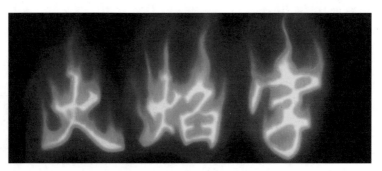

图4.59　完成的火焰字效果

4.7　炽　热　字

"将文字图层复制后进行模糊处理，形成光晕效果，再使用色彩调节工具将光晕的颜色调节成火焰的颜色，形成炽热的文字效果，如图4.60所示。"

图4.60　炽热字效果

步骤**01** 启动Photoshop，新建一幅宽为700像素、高为300像素的图像，填充为黑色。将前景色设置为橙色，然后在工具栏上选择 T. (文字)工具，输入英文"Dreams"，如图4.61所示。

步骤**02** 在图层面板上用鼠标按住文字的图层栏不放，将它拖动到 ⬚ (创建新图层)按钮上，此操作会将文字复制一个图层；在图层面板上单击原文字图层栏左侧的 👁 图标，隐藏该图层，然后在图层面板上单击 ☰ 图标，在弹出的命令列表中选择【合并可见图层】，这样一个图层被合并到背景图层中，而另一个图层被隐藏。

步骤**03** 在菜单栏选择【滤镜】|【模糊】|【高斯模糊】命令，将背景图层的文字变得模糊，如图4.62所示。

图4.61　输入文字

图4.62　使文字变得模糊

步骤04 在菜单栏选择【图像】|【调整】|【亮度/对比度】命令，增加背景图层的亮度和对比度，效果如图4.63所示。

步骤05 在菜单栏选择【图像】|【调整】|【色彩平衡】命令，增加背景图层的红色和黄色；然后再选择【图像】|【调整】|【曲线】命令，将图像调整得像火焰的颜色，如图4.64所示。

图4.63　增加图像的亮度和对比度

图4.64　将文字调整得像火焰的颜色

步骤06 在图层面板上单击文字图层栏左侧的 👁 图标，显示文字图层，并使用【亮度/对比度】命令提高文字的亮度，得到炽热字效果，如图4.65所示。

图4.65　完成的炽热字效果

4.8　光　芒　字

茶水博士

"使用【极坐标】滤镜的【极坐标到平面坐标】功能，可以将文字沿中心展开，使用【刮风滤镜】后再使用【平面坐标到极坐标】功能将文字复原，即可得到文字光芒四射的效果，如图4.66所示。"

图4.66　光芒字效果

步骤01➧ 启动Photoshop，新建一幅高为600像素、宽为600像素的图像，填充为棕色。在工具栏上选择 T.(文字)工具，输入文字"剑"，如图4.67所示。

步骤02➧ 在图层面板上用鼠标按住文字图层栏，拖动到 ⬜ (创建新图层)按钮上，将文字复制一个图层；在图层面板上单击原文字图层栏左侧的 👁 图标，隐藏该图层，然后在图层面板上单击 ▤ 图标，在弹出的命令列表中选择【合并可见图层】，这样一个图层被合并到背景图层中，而另一个图层被隐藏。

步骤03➧ 在菜单栏选择【滤镜】|【扭曲】|【极坐标】命令，弹出【极坐标】对话框，如图4.68所示。勾选【极坐标到平面坐标】复选框，单击【确定】按钮，得到沿中心被展开的文字图像，如图4.69所示。

图4.67　输入汉字

图4.68　使用【极坐标】滤镜

图4.69　文字沿中心展开

步骤04➧ 在菜单栏选择【图像】|【旋转画布】|【90度(顺时针)】命令，将画布旋转，如图4.70所示。在菜单栏选择【滤镜】|【风格化】|【风】命令，设置风向为从右向左，单击【确定】按钮。如果感到效果不明显，可以再做一次该滤镜，效果如图4.71所示。

图4.70　将图像旋转

图4.71　使用【刮风】滤镜

步骤05→ 在菜单栏选择【图像】|【旋转画布】|【90度(逆时针)】命令，将画布旋转回原来的状态，如图4.72所示。

步骤06→ 在菜单栏选择【滤镜】|【扭曲】|【极坐标】命令，弹出【极坐标】对话框，勾选【平面坐标到极坐标】复选框，如图4.73所示。单击【确定】按钮，展开的文字即被还原。

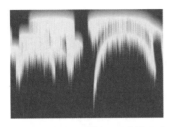

图4.72　将画布旋转回原来的状态　　图4.73　再次使用【极坐标】滤镜

步骤07→ 在菜单栏选择【图像】|【调整】|【色彩平衡】命令，拖动调节滑杆改变图像的颜色，即可得到文字光芒的效果，如图4.74所示。

步骤08→ 在图层面板单击文字图层栏左侧的 👁 图标，显示文字图层。现在我们使用【样式面板】制作文字的特效。在菜单栏选择【窗口】|【样式】命令，在样式列表中选择一种样式，如图4.75所示。

图4.74　调整文字颜色　　　　　　图4.75　选择图层样式

步骤09→ 文字随即变成该样式的效果，如图4.76所示。在图层面板上单击 🔲 (创建新图层)按钮，创建一个空白图层，然后与文字图层合并，这样就可以使用色彩调整命令调整文字颜色了。选择【图像】|【调整】|【色相/饱和度】命令，拖动调节滑杆使文字颜色满意，效果如图4.77所示。

图4.76　选择图层样式后的效果　　　图4.77　调整文字颜色

4.9 立 体 字

"将文字图层多次复制，并在复制每个图层时都沿着某个方向移动一个像素，就会形成立体文字效果。再将排列在上层的文字改变颜色，就会得到有彩色贴面的立体字，效果如图4.78所示。"

图4.78 立体字效果

步骤01▶ 启动Photoshop，新建一幅宽为700像素、高为300像素的图像，使用 ▣ (渐变)工具填充为灰栏色，如图4.79所示。然后设置前景色设置为白色，在工具栏上选择 T. (文字)工具，输入"100%"，如图4.80所示。

图4.79 使用渐变色填充背景

图4.80 输入数字

步骤02▶ 在图层面板上的文字图层栏单击右键，在弹出的命令列表中选择【像素化图层】，将文字变为图像。

步骤03▶ 下面要使文字图层产生纹理。在菜单栏选择【滤镜】|【渲染】|【分层云彩】命令，文字区域内随即产生云彩一样的纹理，如图4.81所示。注意前景色与背景色会影响纹理的色调。

步骤04▶ 在工具栏上选择 ▸╋ (移动)工具，然后在键盘上按下Alt键不放，同时交替按 ← 键和 ↑ 键，反复数次，文字图层即被多次复制，并且每次复制都会移动一个像素，出现立体效果，如图4.82所示。

图4.81 产生纹理

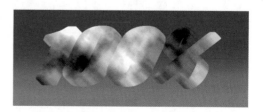

图4.82 制作立体效果

步骤05 可以提高上层文字的亮度使立体效果更加明显。在菜单栏选择【图像】|【调整】|【亮度/对比度】命令，拖动调节滑块，提高上层文字亮度，效果如图4.83所示。

步骤06 下面制作彩色贴面效果。在键盘上按住Ctrl键不放，用鼠标单击上层文字的图层栏，此操作将文字区域选中；将前景色设置为红色，同时按下Alt键和Delete键，将文字填充为前景色，如图4.84所示。

图4.83　提高上层文字亮度

图4.84　将文字填充为前景色

步骤07 在图层面板的下部单击 **fx.** (混合选项)按钮，在弹出的【图层样式】面板中勾选【斜面与浮雕】复选框，使红色文字图层具有厚度的效果，如图4.85所示。

步骤08 现在制作文字的阴影。在【图层】面板上选择下层的文字；将前景色设置为黑色，同时按下Alt键和Delete键，下层文字即被填充为黑色。在菜单栏选择【编辑】|【变换】|【倾斜】命令，将黑色文字扭曲成阴影的形状，如图4.86所示。

图4.85　制作浮雕效果

图4.86　制作阴影图层

步骤09 在菜单栏选择【滤镜】|【模糊】|【高斯模糊】命令，将模糊半径设置为10像素，得到具有阴影效果的立体文字效果，如图4.87所示。

图4.87　完成的立体字效果

4.10 折射立体字

"本例的制作方法与上一节的立体字很相似，只是多次复制的图层位于原文字图层的下方，这样使得文字的轮廓依然是立体的，而侧面的纹理却并不衔接，形成折射立体字效果，如图4.88所示。"

图4.88 折射立体字效果

操作步骤

步骤01 启动Photoshop，新建一幅宽为700像素、高为300像素的图像，在图层面板上单击 ⬜ (创建新图层)按钮，创建一个空白的新图层；然后使用 ✐ (路径)工具绘制波浪的形状，转化为选区后，使用 ⬛ (渐变)工具在空白图层填充为深蓝到浅蓝的过渡色，如图4.89所示。将选区【反选】，再次使用 ⬛ (渐变)工具填充，效果如图4.90所示。

图4.89 绘制波浪形状

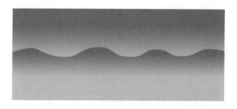

图4.90 为波浪填充渐变色

步骤02 在工具栏上选择 **T** (文字)工具，输入"Photoshop"，然后在键盘上按下Ctrl键不放，在图层面板上单击文字图层栏，此操作将文字区域选中；单击 🗑 (删除图层)按钮，将文字图层删除，这时只保留了文字的选区，如图4.91所示。

步骤03 在菜单栏选择【选择】|【反选】命令，然后在键盘上按Delete键将文字以外的区域删除，效果如图4.92所示。

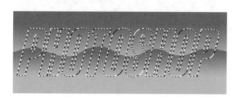

图4.91 建立文字选区

图4.92 删除文字以外的区域

步骤04 在图层面板上将文字图层栏拖动到 (创建新图层)按钮上，将文字图层复制；在图层面板上选择下层的文字图层，在工具栏上选择 (移动)工具，然后在键盘上按下Alt键不放，同时交替按 → 键和 ↓ 键，反复数次，文字图层即被多次复制，并且每次复制都会移动一个像素，出现立体效果，如图4.93所示。

步骤05 激活下层的文字图层栏，在菜单栏选择【编辑】|【变换】|【倾斜】命令，拖动控制手柄，将下层的文字扭曲成阴影的形状，如图4.94所示。

图4.93 制作立体效果

图4.94 制作阴影图层

步骤06 在菜单栏选择【模糊】|【模糊】|【高斯模糊】命令，使阴影图层变得模糊一些，得到有阴影的折射立体字效果，如图4.95所示。如果要改变文字的颜色，可以使用【色相/饱和度】命令进行调整。在菜单栏选择【编辑】|【调整】|【色相/饱和度】命令，拖动调节滑块，得到橙色的立体文字，如图4.96所示。

图4.95 使用【高斯模糊】滤镜

图4.96 调整文字的色相

4.11 彩 盒 字

茶水博士

"首先使用渐变填充制作彩色文字，删除笔画中间的部分得到空心字；将空心字多次复制得到立体空心字；填充底层文字的空心区域，即得到彩色盒子字，如图 4.97 所示。"

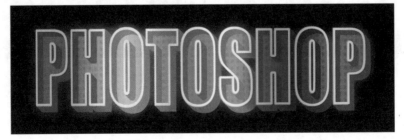

图4.97 彩色盒子字

操作步骤

步骤01 启动Photoshop，新建一幅宽为700像素、高为300像素的图像，背景为黑色；创建新图层，使用 (渐变)工具对图层填充色谱，效果如图4.98所示。

步骤02 在工具栏上选择 (文字)工具，输入“PHOTOSHOP”，提取文字选区后删除文字图层，只保留文字的选区，如图4.99所示。

图4.98 使用渐变色填充背景

图4.99 建立文字选区

步骤03 在菜单栏选择【选择】|【反选】命令，在键盘上按Delete键，将文字以外的区域删除，得到彩色文字，如图4.100所示。

步骤04 在菜单栏选择【选择】|【修改】|【收缩】命令，设置收缩3像素，单击【确定】按钮；然后在键盘上按Delete键，将选择区域删除，得到空心文字，如图4.101所示。

图4.100 删除文字以外的区域

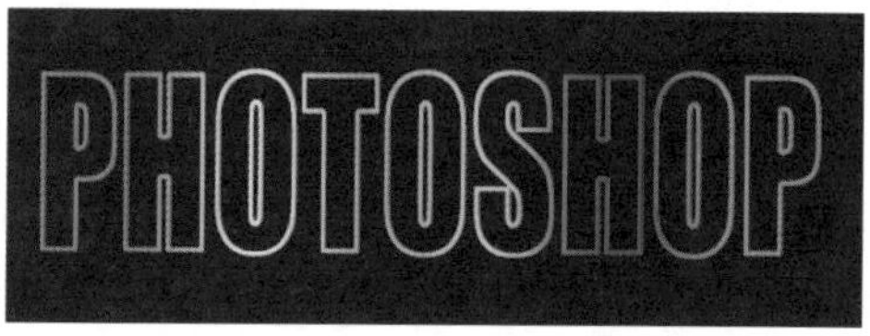

图4.101 删除文字中心的区域

步骤05 在工具栏上选择 (移动)工具，然后在键盘上按下Alt键不放，同时交替按 ← 键和 ↑ 键，反复数次，文字图层即被多次复制，并且每次复制都会移动一个像素，出现立体效果。如图4.102所示，使用【亮度/对比度】命令提高上层图像的亮度，会使立体效果更加明显，如图4.103所示。

图4.102 制作立体效果

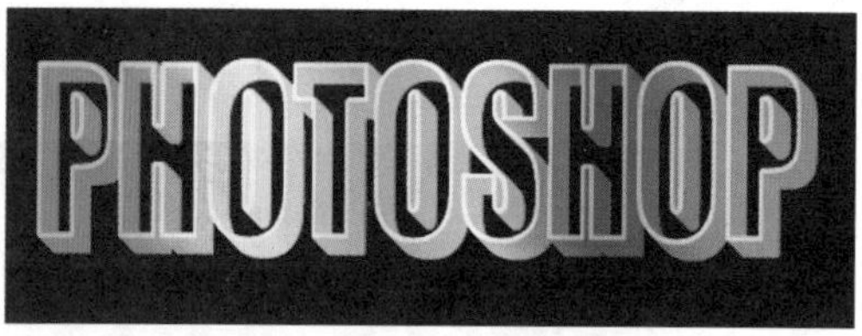

图4.103 提高上层图像的亮度

步骤06 在图层面板上单击背景图层栏将其激活，再单击 (创建新图层)按钮，此操作会在背景图层的上方创建一个空白图层；使用 (渐变)工具对空白图层填充色谱渐变色，效果如图4.104所示。

步骤07 在工具栏上选取 (魔术棒)工具，在图像中单击鼠标将文字以外的区域选中；在键盘上按Delete键将选择区域内的色谱图像删除，效果如图4.105所示。

图4.104　对空白图层填充色谱　　　　　图4.105　删除文字外的区域

步骤08 在【图层】面板选择文字的底部图层；在菜单栏选择【滤镜】|【纹理】|【马赛克拼贴】命令，使文字的底部图层出现格子纹理，文字就显得更加精致了，效果如图4.106所示。

图4.106　使用【马赛克拼贴】滤镜处理底部的文字图层

4.12　晶　胶　字

"先将文字图层进行复制，从而得到两个相同的图层，再为两个图层制作不同的斜面与浮雕效果，然后使用【颜色减淡】图层模式进行混合，得到类似凝胶或塑料的文字效果，如图4.107所示。"

图4.107　类似凝胶或塑料的文字效果

步骤01 启动Photoshop，新建一幅宽为700像素、高为300像素的图像；在工具栏上使用 ▢ (渐变)工具将背景图层填充为紫红色，如图4.108所示。再选择 T. (文字)工具，输入"晶胶字"，如图4.109所示。

图4.108　使用渐变色填充背景　　　　　图4.109　输入汉字

步骤02　在图层面板的文字图层栏上单击右键，弹出快捷菜单，选择【栅格化图层】命令，将文字转化为图像。再将文字图层栏拖动到 ■ (创建新图层)按钮上，此操作会复制一个文字图层。

步骤03　在图层面板上单击 *fx*, (添加图层样式)按钮，在弹出的对话框中勾选【斜面与浮雕】复选框，双击【斜面与浮雕】文字栏，设置斜面的参数，如图4.110所示。然后单击【确定】按钮，文字具有了浮雕效果，如图4.111所示。

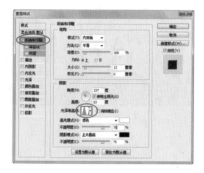

图4.110　使用【图层样式】面板　　　　图4.111　浮雕字效果

步骤04　用同样的方法为另一个文字图层制作浮雕效果，不过这一次浮雕阴影的方向要与上一次相反。

步骤05　下面使用【塑料包装】滤镜表现文字的反光效果。在菜单栏选择【滤镜】|【艺术效果】|【塑料包装】命令，弹出该滤镜对话框，设置【高光强度】和【平滑度】，如图4.112所示，然后单击【确定】按钮。

步骤06　现在设置图层的混合模式。在图层面板上单击 ◆ 按钮，在弹出的混合模式列表中选择【颜色减淡】，如图4.113所示。

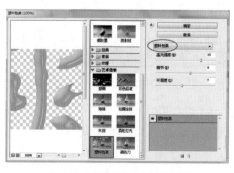

图4.112　使用【塑料包装】滤镜　　　　图4.113　设置图层混合模式

步骤**07** 现在得到晶胶字效果，如图4.114所示。将两个文字链接，在图层面板上单击 按钮，弹出图层命令列表，选择【合并链接图层】将文字图层合并。为了使文字效果显得更厚重，可再次将图层复制，并使用 (移动)工具将文字移动少许以增加立体感，最终效果如图4.115所示。

图4.114　晶胶字效果

图4.115　增加文字的立体感

4.13　琥　珀　字

"首先使用【球面化】滤镜使底纹有凸出的效果并复制多层；将各图层都制作不同深度、不同阴影方向的斜面与浮雕效果，再使用多种图层混合模式表现浮雕文字的光泽，形成琥珀字效果，如图4.116所示。"

图4.116　琥珀字效果

步骤**01** 启动Photoshop，打开配套光盘"素材"文件夹中的401.jpg图像文件，这是一幅木板的图像；在工具栏上选择 (椭圆选框)工具，在视图中建立一个椭圆形选区，如图4.117所示。在菜单栏选择【编辑】|【拷贝】命令，再次选择【编辑】|【粘贴】命令，将椭圆选区内的木板图像复制到新的图层。

步骤**02** 在工具栏选择 (文字)工具，输入文字"琥珀"，如图4.118所示。在键盘上按下Ctrl键不放，单击图层面板上的文字图层栏，此操作将文字区域选中；删除文字图层，只保留文字的选区。

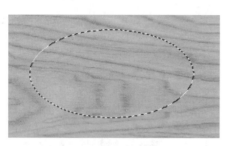

图4.117　建立椭圆形选区　　　　　　　　　　　　图4.118　输入汉字

步骤03 在键盘上按下Delete键删除文字选区内的图像，使椭圆形木板图层出现在文字的镂空区域。取消选择后在菜单栏选择【滤镜】|【扭曲】|【球面化】命令，弹出【球面化】滤镜对话框，如图4.119所示。设置【模式】为正常，将【数量】参数设置为100%，单击【确定】按钮，镂空的文字图层呈现凸出的效果，如图4.120所示。

图4.119　使用【球面化】滤镜　　　　　　图4.120　空心文字图层呈现凸出的效果

步骤04 将空心文字图层复制两次，使图像中共有三个相同的空心文字图层。

步骤05 激活下层的空心文字图层，在图层面板上单击 **fx.** (添加图层样式)按钮，在弹出的【图层样式】面板上勾选【斜面与浮雕】复选框，如图4.121所示。单击【确定】按钮，得到浮雕效果的文字，如图4.122所示。

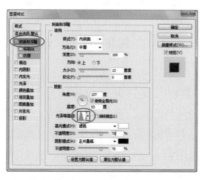

图4.121　使用【图层样式】面板　　　　　　图4.122　制作浮雕效果

步骤06 激活第2层空心文字图层，同样使用 **fx.** (添加图层样式)制作浮雕效果，在弹出的【图层样式】面板上设置斜面的深度和阴影方向，得到如图4.123所示的效果。用同样的方法为上层文字制作浮雕效果，如图4.124所示。

图4.123　再次制作不同方向的浮雕效果

图4.124　为上层文字制作浮雕效果

步骤07 现在设置图层的混合模式。在图层面板上单击上层的文字图层栏将其激活，单击 ⬍ 按钮，弹出混合模式列表，在其上选择【屏幕】模式；单击第2层的文字图层栏将其激活，设置为【线性加深】模式；单击第3层的文字图层栏将其激活，设置为【正常】模式，如图4.125所示。

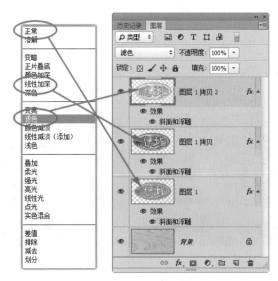

图4.125　设置图层的混合模式

步骤08 在图层面板上单击 ▼≡ 按钮，在图层命令列表中选择【拼合图层】，得到琥珀字效果，如图4.126所示。

图4.126　完成的琥珀字效果

第5章 合成图像

阿 德
"通过前几章的学习，我已掌握了Photoshop的许多功能及操作方法，现在希望做一些实际应用的例子。"

茶水博士
"是啊，只有多做实例，才能不断进步，提高运用技巧的能力。本章将介绍几个在工作中经常应用的案例，通过这些实用案例开阔合成图像的思路。"

5.1 人 造 湖 景

茶水博士
"利用Photoshop可以方便地更换图像中的景物，例如将图像中的废墟换成高楼大厦，把草地变成麦田等。本例是将小区中的一片空地变成湖面，在湖面上还有小船在游弋，如图5.1、图5.2所示。"

图5.1 小区场景

图5.2 在空地上绘制湖景

5.1.1 操作步骤

步骤01 启动Photoshop，打开配套光盘"素材"文件夹中的501.jpg图像文件，图像中是小区的一角，我们将在小楼前的空地上绘制小湖。

步骤02 在图层面板上单击 🗋 (创建新图层)按钮，新建一个空白图层，使用 ✐ (钢笔)工具绘制湖泊形状的路径图形，然后在路径图形中填充墨绿色，填充完毕后删除路径，如图5.3所示。

步骤03 湖面的倒影是垂直翻转的背景图像。激活背景图层，选择一片背景图像复制到新图层，在图层栏将其排列到湖泊图层的上方；在菜单栏选择【编辑】|【变换】|【垂直翻转】命令，得到一块垂直翻转的背景图像，如图5.4所示。

图5.3　绘制绿色的湖面

图5.4　一块垂直翻转的背景图像

步骤04 在键盘上按下Ctrl键不放，单击图层面板上的湖泊图层栏，此操作会提取湖泊的选区；在菜单栏选择【选择】|【反选】命令，在键盘上按下Delete键，删除湖泊以外的区域，如图5.5所示。

步骤05 在图层面板上单击 ⬍ 按钮，在弹出的混合模式列表中选择【滤色】，便显示下方图层的绿色；先将下方绿色图层链接，单击图层面板上的 ▾☰ 按钮，选择【合并链接图层】，效果如图5.6所示。

图5.5　删除湖泊以外的区域

图5.6　设置图层的混合模式

步骤06 下面使水面产生波纹和使倒影模糊一些。在菜单栏选择【滤镜】|【扭曲】|【波纹】命令，设置波纹的大小为【中】，如图5.7所示；再选择【滤镜】|【模糊】|【动感模糊】命令，设置【角度】为90度，【距离】为19像素，如图5.8所示。

图5.7　使用【波纹】滤镜

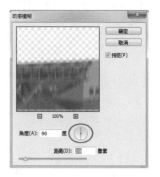

图5.8　使用【动感模糊】滤镜

步骤07 现在要为水面上加入一艘小船。打开配套光盘"素材"文件夹中的502.jpg图像文件，在工具栏上选择 ⬙ (多边形套索)工具，将小船的区域选中，然后使用

(移动)工具将小船拖动到水面上，如图5.9所示。继续使用 (移动)工具将小船放置到合适的位置，如图5.10所示。

图5.9 打开小船图像　　　　　　　　图5.10 将小船拖到湖面上

步骤08 用鼠标在图层面板上将小船图层栏拖动到 (创建新图层)按钮上，将小船图层复制；在菜单栏选择【编辑】|【变换】|【垂直翻转】命令，再选择【编辑】|【变换】|【扭曲】命令，将小船扭曲成为倒影的形状，如图5.11所示。将小船图层的混合模式设置为【滤色】，翻转的小船成为逼真的倒影，如图5.12所示。

图5.11 变换倒影的形状　　　　　　图5.12 设置图层的混合模式

步骤09 现在要为水面上加入围栏。打开配套光盘"素材"文件夹中的503.psd图像文件，使用 (移动)工具将围栏拖动到水面上，如图5.13所示。

步骤10 这段围栏显然不能与水面的形状完全适配，它有些短，我们使用局部复制的方法将它延长。在工具栏上使用 (矩形选框)工具框选围栏较直的一段，然后选择 (移动)工具，在键盘上按住Alt键不放，用鼠标在选区内拖动，即可将选区内的图像复制，从而将围栏延长，如图5.14所示。

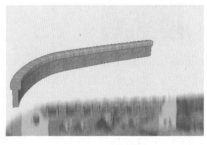 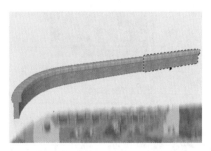

图5.13 调入围栏图像　　　　　　　图5.14 将围栏延长

步骤11 选择围栏的左边区域，在菜单栏选择【编辑】|【变换】|【变形】命令，在围栏的左边区域即出现变形控制手柄，拖动控制手柄可修改围栏的形状，如图5.15所示。修改后的效果如图5.16所示。

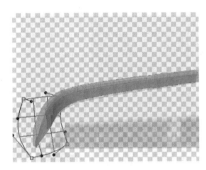

图5.15 使用【变形】命令修改围栏的形状　　　　图5.16 修改完成的围栏

步骤12 打开配套光盘"素材"文件夹中的504.psd图像文件，这是一个柱头的图像，使用 ▶♣ (移动)工具将柱头拖动到视图中并复制多个，使用【自由变换】命令调整合适的大小，放置到围栏上，如图5.17所示。

步骤13 使用【色彩平衡】命令进行调节，使各图层的颜色协调逼真，完成后的效果如图5.18所示。

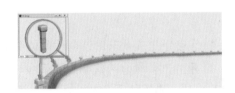

图5.17 调入并复制柱头　　　　图5.18 完成后的人造湖面

5.1.2 现场问与答

怎样使合成的图像没有毛刺？

阿　德

"我在将两幅图像中的景物合成到一起时，无论怎样精细地建立选区，图像的周围总有毛刺，有运动模糊的区域更是明显。这种情况该怎样解决呢？"

茶水博士

"以将鸽子图像与蓝天图像合成为例。首先，在建立选区时，设置1～2像素的羽化值，再将鸽子图像拖动到蓝天背景上，鸽子周围的毛刺就会减轻许多。再将鸽子区域选中，使用【选择】|【修改】|【边界】命令在鸽子的边缘部分建立选区，再使用【高斯模糊】滤镜处理，这样

鸽子周围的毛刺就完全消失了。对于翅膀等有运动效果地方，可将该处的边缘区域选中，再次使用【高斯模糊】滤镜进行处理。这样，鸽子图像就完全融入蓝天背景中了，操作过程如图5.19所示。"

图5.19　鸽子的合成过程

"哦，真不错。这样制作的图像就没有丝毫的合成痕迹了。"

5.2　合成建筑效果图

"建筑公司和广告公司经常要制作室外建筑效果图，制作的流程通常是使用3ds Max制作建筑的图像，然后再用Photoshop为这幅图像添加环境中的人物、背景，使效果图显得繁华而生动。本节使用Photoshop为3ds Max输出的建筑图像添加蓝天、汽车、广告牌等景物，展示建筑效果图的合成方法。3ds Max生成的原始图像与合成后的最终效果如图5.20、图5.21所示。"

图5.20　3ds Max生成的建筑模型

图5.21　添加了背景和人物

5.2.1 操作步骤

步骤01→ 启动Photoshop。打开配套光盘中"素材"文件夹下的505.jpg图像文件，这是一幅楼房的建筑效果图。现在要将楼房以及地面的区域复制到新的图层。在菜单栏选择【选择】|【色彩范围】命令，用吸管工具选择出黑色区域；选择【选择】|【反选】命令，则楼房和地面的区域被选中。选择【编辑】|【拷贝】命令，再选择【编辑】|【粘贴】命令，此操作将楼房区域复制到一个新图层。删除背景图层，如图5.22所示。

步骤02→ 打开配套光盘中的506.jpg图像文件，这是一幅蓝天的图像，如图5.23所示。在菜单栏选择【选择】|【全选】命令；在工具栏中选择 ▶◆(移动)工具，将蓝天图像拖动到建筑效果图中。

图5.22　删除楼房的背景图层

图5.23　打开蓝天图像

步骤03→ 现在在蓝天图层位于楼房图层上部，覆盖了楼房。在图层面板上将蓝天图层栏拖到楼房图层栏之下，使楼房图层覆盖蓝天图层，如图5.24所示。

步骤04→ 在菜单栏选择【编辑】|【自由变换】命令，拖动控制手柄，将蓝天图层放大，使它覆盖整个背景，在键盘上按Enter键确认，效果如图5.25所示。

图5.24　调入蓝天图像

图5.25　变换蓝天背景的大小

步骤05→ 打开配套光盘中的507.psd图像文件，这是一幅汽车的图像，在工具栏中选择 ▶◆(移动)工具，将汽车图层拖动到建筑效果图中，如图5.26所示。在菜单栏中选择【编辑】|【自由变换】命令，拖动控制手柄，将汽车调整到合适大小，如图5.27所示。

图5.26 调入汽车图像

图5.27 变换汽车的大小

步骤06 用鼠标在图层面板上将汽车图层栏拖动到 （创建新图层)按钮上，此操作将汽车图层复制一个新图层。在菜单栏上选择【编辑】|【变换】|【垂直翻转】命令，则新复制的汽车图层被垂直翻转，将它的位置向下移动，如图5.28所示。

步骤07 现在分区域变换倒影图层。在工具栏上选择 （矩形选框)工具，将倒影图层的左侧框选；在菜单栏上选择【编辑】|【变换】|【斜切】命令，拖动控制手柄使倒影图层的左侧向上倾斜，如图5.29所示。

图5.28 复制并垂直翻转汽车

图5.29 变换倒影的左侧图像

步骤08 使用同样的方法将倒影图层的右侧区域倾斜，如图5.30所示。然后在工具栏上选择 （涂抹)工具适当纠正图像的变形，如图5.31所示。

图5.30 变换倒影的右侧图像

图5.31 纠正图像的变形

步骤09 在图层面板上将【不透明度】调整为50%，倒影图层变得透明了，如图5.32所示。然后将图层的混合模式设置为【滤色】，倒影图层的颜色也会变得更加逼真，这样就完成了汽车倒影的制作。效果如图5.33所示。

图5.32　降低倒影图层不透明度

图5.33　设置图层混合模式

步骤10 ▶ 现在为效果图加入人物。打开配套光盘中的508.psd图像文件，这是一幅人物的图像，在工具栏中选择 ▶ (移动)工具，将人物图层拖动到建筑效果图中，如图5.34所示。在菜单栏中选择【编辑】|【自由变换】命令，拖动控制手柄，将人物调整到合适大小，如图5.35所示。

图5.34　打开人物图像

图5.35　调整人物的大小

步骤11 ▶ 用鼠标在图层面板上将人物图层栏拖动到 ▣ (创建新图层)按钮上，此操作将人物图层复制了一个新图层。在键盘上按住Ctrl键不放，在图层面板上单击人物图层栏，此操作会将人物区域全部选中，然后在选区内填充黑色，如图5.36所示。

步骤12 ▶ 在菜单栏选择【编辑】|【变换】|【扭曲】命令，将黑色人物图层扭曲成阴影的形状，如图5.37所示。再在图层面板上调节图层的不透明度，完成人物阴影的制作。

图5.36　制作阴影图层

图5.37　变换阴影的形状

步骤13 现在要在图像右侧的小楼上加入广告牌。打开配套光盘中的509.jpg图像文件，这是一幅广告牌的图像，如图5.38所示。在菜单栏选择【选择】|【全选】命令，然后使用 (移动)工具将广告牌的图像拖动到建筑效果图中，如图5.39所示。

图5.38 打开广告牌图像　　　　　　　　　　图5.39 调入广告牌图像

步骤14 在菜单栏选择【编辑】|【变换】|【扭曲】命令，即会出现控制手柄，拖动控制手柄使图像变形，如图5.40所示。配合【斜切】命令调整广告牌的大小和位置，如图5.41所示。

图5.40 使用【扭曲】命令　　　　　　　　　　图5.41 调整广告牌的大小和位置

步骤15 打开配套光盘中的510.jpg图像文件，这是广告牌侧面的图像，将该图像拖动到建筑效果图中，如图5.42所示。在菜单栏选择【编辑】|【变换】|【透视】命令，将图像变形；并配合【斜切】命令调整大小和位置，如图5.43所示。

图5.42 调入广告牌侧面的图像　　　　　　　　图5.43 调整大小和位置

步骤 16 现在要加入小树，并使用快捷键将它复制成一排。打开配套光盘中的511.psd图像文件，这是一棵松树的图像，将该图像拖动到建筑效果图中，如图5.44所示。在键盘上按住Alt键不放，使用 （移动）工具拖动松树图像，松树图层即被复制；连续拖动几次，松树即被复制成一排，如图5.45所示。

图5.44　调入松树图像

图5.45　多次复制松树图层

步骤 17 现在要为效果图加入树枝前景。打开配套光盘中的512.psd图像文件，这是一幅树枝的图像，将树枝图层拖动到建筑效果图中，如图5.46所示。

步骤 18 我们希望树枝是绿色的，所以要调整它的颜色。在菜单栏中选择【图像】|【调整】|【色相/饱和度】命令，弹出调节对话框，如图5.47所示。拖动调节滑块，树枝的颜色会发生改变，满意后单击【确定】按钮。

图5.46　调入树枝图像

图5.47　调整树枝的颜色

步骤 19 在菜单栏中选择【图像】|【调整】|【亮度/对比度】命令，弹出相应的对话框，拖动调节滑块使树枝对比度增加，效果如图5.48所示。将树枝图层复制，并使用【自由变换】命令调整树枝的大小和位置，如图5.49所示。

图5.48　增加树枝对比度

图5.49　复制树枝并调整位置

步骤20 如果直接将【镜头光斑】滤镜作用在楼房图层上，就无法再次调节光斑效果的强弱和大小，下面介绍一种更好的方法：在图层面板上单击 ▢ (创建新图层)按钮，创建一个新图层并填充为黑色；再选择【滤镜】|【渲染】|【镜头光斑】命令，将光斑作用在黑色图层上，如图5.50所示。然后将图层的混合模式设置为【滤色】，这样就可以使用【自由变换】命令通过变换图层来改变光斑的位置和大小，改变图层的不透明度还可以调节光斑的强弱，效果如图5.51所示。

图5.50 使用【镜头光斑】滤镜

图5.51 设置图层混合模式

步骤21 用同样的方法添加更多的树、人物和汽车，并仔细调节各图层的色调使之协调，然后拼合图层。最终效果如图5.52所示。

图5.52 完成的建筑效果图

5.2.2 现场问与答

怎样确定合成图像的透视关系？

"我在为建筑效果图添加景物时，总是根据感觉估计出它们的大小和位置，我知道这样做是经不起仔细推敲的，那么有没有一种方法可以更准确地确定合成景物的大小和位置？"

"在五百多年前，伟大的艺术家达芬奇就曾总结了绘画构图的透视规律，使用这个规律可以准确地确定景物处于图像中的位置和大小。下面介绍在合成建筑效果图时怎样应用它。

用 3ds Max 渲染效果图时，经常将摄像机架设在与人眼相当的高度，那么在用 Photoshop 加入人物时，要保证人物的眼睛基本上都处在一条水平线上，而这条水平线正是消失在无穷远处的地平线，如图 5.53 所示。

图5.53　透视原理图(1)

如果要在场景中合成楼房的图像，那么与地面平行的楼房屋檐的延长线也一定会与远处的地平线相交；如果是合成多栋相互平行的楼房，它们的屋檐延长线也会在远处地平线上汇聚。"

"哦，达芬奇是说，所有平行的线条向远望去会越来越近，最终汇聚在一点。假如人物队列与屋檐是平行的，那么它们的延长线也会汇聚为一点。"

"3ds Max 渲染俯视图时，地平线就常常落在视图之外，例如在图 5.54 中，取景时只选取白色线框内的景物，为这样的图像加入其他景物也要保证平行线条的延长线汇聚为一点。"

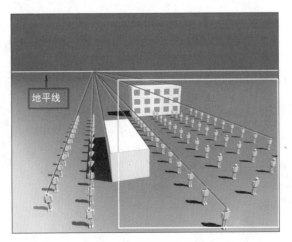

图5.54　透视原理图(2)

阿德

"我曾遇到这样的情况，把某一景物加入到图像中后，无论怎样变换它的大小和形状，看起来都很别扭，这通常是怎么回事？"

茶水博士

"要知道，同样的景物用照相机分别在近处和远处拍摄的两张照片，尽管冲印成同样尺寸，它们的透视却是不同的，例如图5.55与图5.56中同样的楼房形成了不同的透视效果。如果将远景的楼房合并到近景的图像中，一看便知道是假的，所以合成图像时要选择合适的素材。"

图5.55　在近处拍摄的照片

图5.56　在远处拍摄的照片

阿德

"哦，原来是这样。"

5.3　黑白照片着色

茶水博士

"使用【色彩平衡】命令和【曲线】命令可以为黑白照片着色，但由于多数黑白照片的反差较大，造成图像的高光部和暗部的层次丢失，给着色带来一定难度，所以进行着色前，要首先降低图像的反差；另外，人体各部位的肤色并不相同，图像中高光部的肤色与暗部的肤色也不相同，颜色又是逐渐过渡的，所以在调节色彩时要灵活运用选择区域的【羽化】命令。下面为一幅小宝宝的黑白照片着色，如图5.57、图5.58所示。"

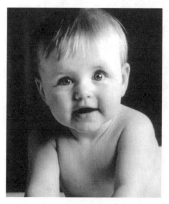
图5.57　宝宝的黑白照片

图5.58　上色后的照片

5.3.1　操作步骤

步骤01 启动Photoshop。打开配套光盘中"素材"文件夹下的524.jpg图像文件，这是一幅小宝宝的黑白照片。

步骤02 在图层面板上单击 ⬜ (创建新图层)按钮，创建一个新图层，将新图层填充为淡棕色，设置不透明度为60%，这时图层面板如图5.59所示。然后在图层面板上单击 ⬛ 按钮，选择【拼合图层】。这时黑白照片不但被染了淡棕色，而且强烈的反差也被降低，如图5.60所示。

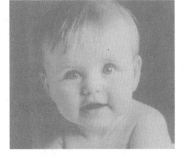

图5.59　创建新图层并填充淡棕色　　图5.60　降低图层不透明度

步骤03 在菜单栏选择【图像】|【调整】|【色彩平衡】命令，弹出【色彩平衡】对话框，如图5.61所示。拖动调节滑块使图像更接近需要的颜色，效果如图5.62所示。

图5.61　使用【色彩平衡】命令　　图5.62　调整色彩后的效果

步骤04 在菜单栏选择【图像】|【调整】|【曲线】命令，弹出【曲线】对话框，如图5.63所示。拖动窗口中的曲线，可以使图像的暗部偏向红色，同时可以调节图像的对比度，效果如图5.64所示。

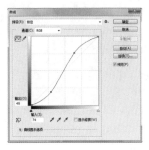

图5.63　使用【曲线】命令　　图5.64　调节后的效果

步骤05 在通道面板上激活RGB通道栏，单击 (转化为选区)按钮，如图5.65所示。图像中亮度较高的区域即被较高程度地选中，如图5.66所示。这时进行色彩调整对图像的亮部影响较大，执行【反选】命令后进行色彩调整对图像的暗部影响大。

图5.65　单击转化选区按钮　　　　　图5.66　使用通道建立的选区

步骤06 在工具栏选取 (套索)工具，配合Shift键圈选两侧的脸颊区域，如图5.67所示；在菜单栏选择【选择】|【羽化】命令，设置羽化半径为20像素，再使用【色彩平衡】命令增加红色，得到脸颊区域红润的效果。

步骤07 使用 (套索)工具圈选口唇区域，设置羽化半径为2像素，使用【色彩平衡】命令增加红色，使口唇红润，如图5.68所示。

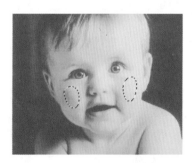
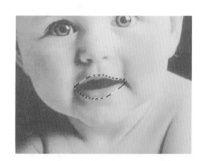

图5.67　在脸颊区域建立羽化选区　　　图5.68　在口唇区域建立羽化选区

步骤08 使用 (套索)工具圈选脸庞高光区域，设置羽化半径为10像素，使用【亮度/对比度】命令增加亮度，如图5.69所示。再圈选前臂高光区域，设置羽化半径为20像素，也使用【亮度/对比度】命令增加亮度，如图5.70所示。

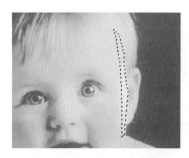
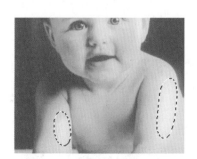

图5.69　圈选脸庞高光区域　　　　　图5.70　圈选前臂高光区域

步骤09 下面选择头发区域，我们将使用 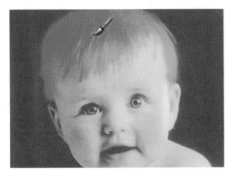 🔘(快速蒙版)工具完成这项精细的工作。将前景色设置为黑色，在工具面板按下 🔘(快速蒙版)按钮，然后使用 🖌(画笔)工具在头发区域描绘，观察到所绘出的并不是前景色而是红色，如图5.71所示。

步骤10 在工具栏按下 🔘(转化为选区)按钮，观察到红色区域被转化为选区，由于画笔工具可以灵活地设置笔刷的大小和力度，所以这个选区可以做得很精细。使用【亮度/对比度】命令增加选择区域的对比度，使其具有头发的光泽，如图5.72所示。

图5.71　使用画笔工具进行选择

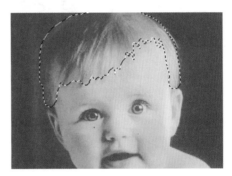

图5.72　将画笔转化为选区

步骤11 将背景区域选中，在菜单栏选择【图像】|【调整】|【色彩平衡】命令，弹出【色彩平衡】对话框，如图5.73所示。拖动滑块改变背景的颜色，如图5.74所示。

图5.73　使用【色彩平衡】命令

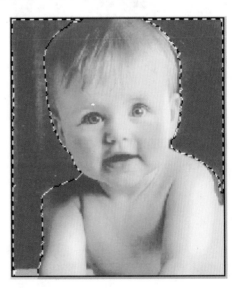

图5.74　改变背景颜色

步骤12 圈选眼睛区域，设置羽化半径为2像素，使用【色相/饱和度】命令调整眼睛的颜色；使用 🪄(魔术棒)工具选择眼球的高光区域，使用【亮度/对比度】命令增加亮度；使用 🔍(减淡)工具在口唇部涂抹，使其具有光泽。着色完成后的效果如图5.75所示。

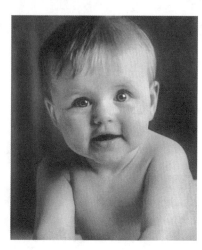

图5.75　完成的效果

5.3.2　举一反三

本书配套光盘"素材"文件夹中的提供了一个525.jpg图像文件，这是一幅黑白的儿童照片，如图5.76所示。请用本节所学的方法为图像上色，效果如图5.77所示。

图5.76　儿童的黑白照片　　　　图5.77　上色完成后的效果

5.4　美 化 照 片

"人无完人，每个人的样貌都会有美中不足；加上拍摄时客观条件的限制，许多照片存在着各种缺陷。但是在制作广告招贴时却常常需要完美的人物图片，这就需要对照片进行美化。使用 Photoshop 就可以去除面部的疤痕、色斑等瑕疵，还可以调整图片局部的色彩和亮度，甚至能修正五官的形状。下面将对一幅拍摄光线和面部色斑有缺陷的人物图片进行美化。原照片如图 5.78 所示，修改完成后如图 5.79 所示。"

图5.78　原始照片

图5.79　处理后的照片

步骤01▶ 启动Photoshop，打开配套光盘"素材"文件夹下的526.jpg图像文件，这是一幅人物的图片。观察到人物区域有些偏暗。在工具栏使用 ⚲ (多边形套索)工具圈选人物区域；然后在菜单栏选择【图像】|【调整】|【亮度/对比度】命令，拖动调节滑块增加人物选区内的亮度后，效果如图5.80所示。

步骤02▶ 再次使用 ⚲ (多边形套索)工具圈选面部、胸部仍然较暗的局部区域，如图5.81所示。在菜单栏选择【选择】|【羽化】命令，设置羽化半径为30像素；然后选择【图像】|【调整】|【亮度/对比度】命令，拖动调节滑块，再次增加选区内的亮度。

图5.80　增加阴影区域亮度

图5.81　继续选择较暗的区域

步骤03▶ 观察到面部有一些色素沉着和雀斑，如图5.82所示。在工具栏选择 ⚑ (仿制图章)工具，在选项栏上将笔刷的大小设置为8像素，将不透明度设置为50%，在键盘上按下Alt键不放，在没有色斑的区域单击鼠标以蘸取图案，随后在色斑上单击，就会将色斑一个个去除，效果如图5.83所示。

图5.82　观察到脸部有明显的色斑

图5.83　去除色斑后的效果

步骤04 细致耐心地使用【液化】滤镜可以修改五官的形状。下面用它修改宽窄不太一致的双眼皮，如图5.84所示。在菜单栏选择【滤镜】|【液化】命令，在弹出的【液化】对话框中选择 ▨(涂抹)工具，设置较小的笔刷，在窗口中的图像上拖动，即可使像素移动，得到宽窄一致的双眼皮，如图5.85所示。

 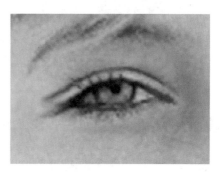

图5.84 双眼皮的宽窄不一致　　　　　图5.85 使用涂抹工具修整

步骤05 现在要使皮肤变得光滑一些。如果直接使用【高斯模糊】滤镜，就会丢失皮肤的纹理，但可以采用对单色通道进行模糊处理的方法。在菜单栏选择【窗口】|【通道】命令，显示通道面板，如图5.86所示；单击红色通道栏，在图像中选择眼睛、口唇区域，在菜单栏选择【选择】|【反选】命令，在设置羽化半径为2像素，这样将图像进行模糊处理时就不会影响眼睛、口唇区域；打开【高斯模糊】对话框，拖动调节滑块得到合适的模糊效果，单击【确定】按钮，如图5.87所示。此时，在图层面板上单击图层栏，会观察到人物的皮肤变得有光泽了。

图5.86 激活红色通道栏　　　　　图5.87 对红色通道进行模糊

步骤06 由于曝光不足使脑后的马尾辫没有头发的纹理，可以将其他部位的头发复制后覆盖在该处。使用 ▨(多边形套索)工具圈选一片头发的区域，在菜单栏选择【编辑】|【复制】命令，再次选择【编辑】|【粘贴】命令，将头发复制到新的图层，如图5.88所示。使用【自由变换】命令将头发移动到马尾辫处，如图5.89所示。

图5.88　复制局部头发　　　　　　　　图5.89　放置到马尾辫区域

步骤07▶ 根据马尾辫的形状删除头发图层的多余区域，并使用【亮度/对比度】命令降低头发的亮度。修改完成后的图像与原始图像相比较，效果改善了许多，如图5.90所示。

图5.90　与原始照片相对比有了明显的改观

5.5　打造完美少女

　　"经常看到广告图片上的完美人物形象，她（他）们的脸形标准、五官精致、皮肤娇艳，完美得无可挑剔。其实这些完美的人像绝大多数都是借助 Photoshop 后期加工得到的。在现实中要找到一个完美的模特是很困难的，但在工作中却常常需要完美的人物图片，比如广告招贴、杂志封面、网站栏目，即便要制作个人简历也希望能将自己的照片形象打造得更加完美些。本例中将一幅小女孩的图像改变脸型、调整五官的位置和形状、调整肤色，使这个长相普通的女孩变成一个极为美丽的女孩子。原始图像与修饰后的图像如图5.91、图5.92所示。"

图5.91　人物的原始图像

图5.92　修饰后的图像

5.5.1　使肤色亮丽

亚洲人种的肤色普遍偏黄偏暗，所以美白成了爱美人士的永恒的主题。我们同样希望照片上的肤色更亮丽一些。在实际操作中，通常用减少图像黄色和绿色的方法来纠正肤色偏黄，再利用图层的混合模式来使肤色显得更亮丽。对于阴影处的皮肤，可以使用局部加亮或加色的方法使它显得有光泽。请按下面的步骤操作。

步骤01→ 启动Photoshop。打开配套光盘"素材"文件夹下的588.jpg图像文件，这是一幅女孩的照片。

步骤02→ 在菜单栏选择【编辑】|【调整】|【色彩平衡】命令，在弹出的【色彩平衡】对话框中拖动调节滑块减少图像的绿色和黄色，如图5.93所示。

步骤03→ 在【图层】面板上将背景图层栏拖动到 （创建新图层）按钮上复制该图层，将复制图层的混合模式设置为【滤色】，调整图层的不透明度为75%，如图5.94所示。

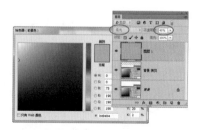
图5.93　减少绿色和黄色

图5.94　设置【滤色】混合模式

> 注意：将图层复制后并以【滤色】混合模式与原图层叠加会使图像变得鲜亮，这时调整图层的不透明度可以控制图像变鲜亮的程度。该方法常用于美化黯淡的肤色或修正曝光不足的数码照片。

步骤04 在【图层】面板上单击 🔲 (创建新图层)按钮创建一个空的新图层,将前景色设置为淡灰色,用该颜色对新图层进行填充,并将该图层的混合模式设置为【柔光】,如图5.95所示。此操作使图像的色彩更为柔和。

步骤05 使用 ✎ (多边形套索)工具将人物的面部区域选中,在菜单栏选择【选择】|【修改】|【收缩】命令,将选区收缩20像素,再使用【边界】命令将选区的边缘部分选中。在键盘上按下Shift键不放,使用 ✎ (多边形套索)工具加入人物皮肤较暗淡的区域,如图5.96所示。再使用【羽化】命令将选区进行较大程度的羽化。

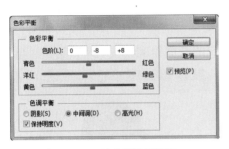

图5.95　填充淡灰色图层　　　　图5.96　选择面部边缘和暗淡的局部

步骤06 单击右键,选择【复制到新图层】命令,将选区内的图像复制到新的图层;使用【亮度/对比度】命令适当增加新图层的亮度。

> 注意:此操作使人物面部的边缘区域变亮。但通常情况下我们并不希望边缘的全部区域都变亮,所以还要使用 ✐ (橡皮)工具以较小的力度在新图层上擦除不希望变亮的区域。这时人物的肤色会变得既亮丽又富有光泽。

5.5.2　微调脸型及五官位置

如果对原图像的人物的脸型、轮廓或五官的位置、大小不满意,可以使用【变换】等命令进行调整,从而使人物的长相更为标致。移动五官的位置后,会在图像上产生少许"撕裂"现象,这时可以使用 🏭 (仿制图章)等工具进行修复。

步骤01 单击图层面板右上角的 ▼≡ 图标,在弹出的图层命令菜单中选择【拼合图层】命令将图层合并。

步骤02 使用 🔲 (矩形选框)工具选择人物的头部区域,在菜单栏选择【编辑】|【自由变换】命令,在选项栏输入H为105%,此操作将头部区域调整得略长一些,用来纠正人物脸型宽扁的缺陷,如图5.97所示。

步骤03 使用 🔲 (矩形选框)工具选择人物的下颌区域,在菜单栏选择【编辑】|【自由变换】命令,拖动下方的控制手柄,纠正人物下颌略短的缺陷,如图5.98所示。

图5.97 纠正脸型宽扁的缺陷　　　图5.98 纠正下颌略短的缺陷

步骤04 使用 ▢ (矩形选框)工具选择下唇区域，在菜单栏选择【编辑】|【自由变换】命令，拖动下方的控制手柄，使下唇显得饱满一些，如图5.99所示。

步骤05 使用 ✐ (钢笔)工具绘制理想的脸庞轮廓线条，将该路径线条转化为选区后使用 👆 (涂抹)工具从选区内向外涂抹，得到理想的脸庞轮廓，如图5.100所示。

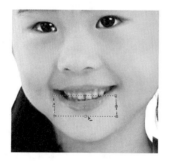

图5.99 使下唇饱满一些　　　图5.100 修整脸庞轮廓

步骤06 使用 ▢ (矩形选框)工具选择人物的鼻部区域，单击右键，在弹出的右键命令菜单中选择【复制到新图层】命令，再使用【自由变换】命令将鼻子变换得略窄一些。使用同样的方法将眼睛、嘴复制到新的图层，并将它们位置略做移动，使五官的位置更为标致，如图5.101所示。

步骤07 在图层面板上激活眼睛所在的图层，使用【自由变换】命令，在选项栏输入W和H均为105%，此操作会将眼睛调整得略大一些，如图5.102所示。

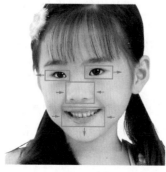

图5.101 使五官的位置更为标致　　　图5.102 将眼睛调整得略大一些

Photoshop CC

5.5.3　绘制双眼皮及睫毛

双眼皮有内窄外宽型和宽窄大体相同型。利用Photoshop可以修饰双眼皮的宽窄，也可以将单眼皮绘制成双眼皮。通常，单眼皮的睫毛是下垂的，而双眼皮的睫毛是向上卷曲的。请按照下面的步骤绘制双眼皮及睫毛。

步骤01 单击图层面板右上角的 ![icon] 图标，在弹出的图层命令菜单中选择【拼合图层】命令将图层合并。

步骤02 在工具栏选择 ![icon]（钢笔）工具，在人物眼睑上方绘制封闭的双眼皮轮廓，如图5.103所示。单击右键，在弹出的右键菜单中选择【建立选区】命令，输入【羽化半径】为2像素，单击【确定】按钮，如图5.104所示。

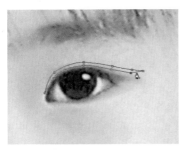

　　图5.103　绘制封闭的双眼皮轮廓　　　　　图5.104　设置选区的羽化

步骤03 在工具栏选择 ![icon]（加深）工具，然后在选区内部拖动鼠标，使选区内部的肤色加深，效果如图5.105所示。

步骤04 在工具栏选择任何一种选择工具，在键盘上按 ↑ 键2次，将图像中的选择区域稍向上移动。在工具栏选择 ![icon]（减淡）工具，然后在选区内部拖动鼠标，使选区内部的肤色稍变亮，如图5.106所示。在菜单栏选择【选择】|【取消选择】命令。

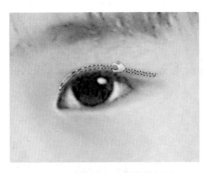
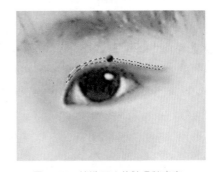

　　图5.105　使选区内的肤色加深　　　　　图5.106　使选区内的肤色稍变亮

步骤05 使用同样的方法绘制另一只眼睛的双眼皮，完成后的效果如图5.107所示。

步骤06 在图层面板上单击 ![icon]（创建新图层）按钮创建一个空的新图层；使用 ![icon]（钢笔）工具绘制一根睫毛形状的线条，单击右键，在弹出的右键命令菜单中选择【填充路径】命令，在路径曲线内部填充黑色，如图5.108所示。再次单击右键，选择【删除路径】。

图5.107　绘制另一只眼睛的双眼皮

图5.108　在路径曲线内填充黑色

步骤07 在工具栏选择 ▶﹢(移动)工具，按下Alt键不放并在图像中拖动鼠标，此操作可将睫毛图层移动并复制。使用【自由变换】命令将复制后的睫毛调整角度大小，得到一小簇睫毛，效果如图5.109所示。

步骤08 使用【自由变换】命令将睫毛簇缩小并移动到合适的位置，使用上一步骤的方法将该图层多次复制，再使用 ▶﹢(移动)工具移动睫毛簇，使它分布到双眼的上下眼睑边缘，效果如图5.110所示。这样就完成了睫毛的绘制。

图5.109　得到一小簇睫毛

图5.110　多次复制并移动至合适位置

步骤09 在工具栏上选择 ◕.(减淡)工具，设置直径较小的笔刷在黑眼珠恰当的区域反复拖动鼠标，这样可即形成眼睛反射的光斑，如图5.111所示。使用同样的方法绘制另一只眼睛的光斑，使双眼显得清澈而明亮，效果如图5.112所示。

图5.111　形成眼睛反射的光斑

图5.112　双眼显得清澈而明亮

5.5.4　鼻、口的正形与唇的加色

无论是鹰钩鼻还是塌扁鼻都不美；另外，很多人笑的时候口形有些歪，使用Photoshop可以方便地纠正图片中的这类缺陷。下面使用颜色覆盖的方法修正略微塌扁的鼻梁，使用变换形状的方法使嘴唇显得丰满，并对牙齿形状和口唇的颜色进行调整。

步骤01 在工具栏选择 🔲(仿制图章)工具，按下Alt键不放，在鼻梁侧面蘸取图案，然后在靠近鼻梁中部的区域拖动鼠标，如图5.113所示。这样可将侧面的图案向中心移动，使鼻梁显得窄一些，也可将弯曲的阴影修直。

步骤02 沿鼻梁的方向在受光部建立选区，将选区的【羽化】值设置为15像素。在菜单栏选择【图像】|【调整】|【亮度/对比度】命令，适当增加选区内图像的亮度，鼻梁显得更正直了，如图5.114所示。

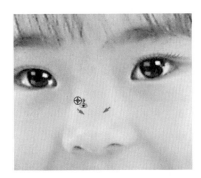
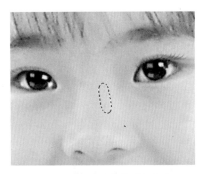

图5.113　移动色块使鼻梁变窄　　　图5.114　略提高亮度使鼻梁正直

步骤03 使用 ✒(钢笔)工具沿嘴的轮廓绘制路径曲线，单击右键，在弹出的右键菜单中选择【建立选区】命令，将选区的【羽化】值设置为1像素。在菜单栏选择【图像】|【调整】|【可选颜色】命令，拖动滑块将洋红色增加17%，将黄色减少10%，如图5.115所示。此操作使唇色显得更鲜艳。

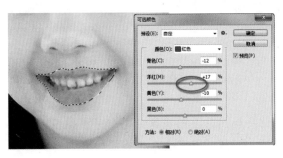

图5.115　调节口唇颜色

步骤04 使用 🔲(矩形)工具选择下唇的右侧，在菜单栏选择【编辑】|【变换】|【扭曲】命令，拖动控制手柄修正唇形，如图5.116所示。

步骤05 使用 🔲(加深)工具在唇部拖动，使唇的颜色富有层次，使用 🔍(减淡)工具在唇的高光部拖动，使唇更具光泽感。使用 🔲(涂抹)工具设置较细的笔刷，在牙齿处涂抹来修正形状，使用 🔍(减淡)工具在牙齿处拖动使牙齿更亮白，如图5.117所示。

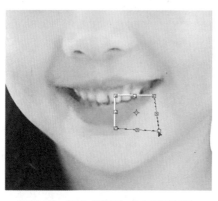
图5.116　使用【扭曲】命令修正唇形

图5.117　使唇齿亮丽并富有层次

步骤06 检查图像中是否有由于移动、变换等操作留下的衔接痕迹，这些痕迹可使用 ⛃ (仿制图章)工具进行修复。这时的人像已经很完美了，与原图像相比较有很大的改观。人物的原始图像与修饰后的图像如图5.118、图5.119所示。

图5.118　人物的原始图像

图5.119　修饰后的图像

5.6　婚纱"换头术"

　　"将一幅图片上的头像复制到另一幅图片的人物上，然后使用【自由变换】、【色彩平衡】命令使头像的大小、色彩与人物协调，再使用【液化滤镜】、【橡皮】等工具使它与人物相融合，这个技术俗称'换头术'。下面我们利用这个技术将黑白照片上的少女头像嫁接到另一幅婚纱照上，让她过把婚纱瘾，效果如图5.120所示。"

图5.120　婚纱换头术

步骤01 启动Photoshop，打开配套光盘"素材"文件夹下的527.jpg、528.jpg图像文件，这是一幅少女的黑白照片和一幅婚纱照片，如图5.121所示。在菜单栏选择【选择】|【全选】命令，将少女图片全部选中；然后拖动到婚纱照中，使用【自由变换】命令调节图层的大小和角度，效果如图5.122所示。

图5.121　同时打开两幅图像

图5.122　调入图像并变换大小

步骤02 在工具栏上选择 (多边形套索)工具，设置【羽化】为2像素；选择人头以外的区域，在键盘上按Delete键将其删除，如图5.123所示。再选择 (橡皮)工具，将【压力】设置为20%，擦除颈部区域，如图5.124所示。

图5.123　删除多余区域

图5.124　逐渐擦除颈部区域

步骤03 观察到新加入的头像并未完全覆盖原婚纱照上的头像，现在使用【液化】滤镜对原婚纱略做变形。首先激活婚纱背景图层，选择【滤镜】|【液化】命令，在弹出的面板上勾选【背景】复选框，如图5.125所示。使用 (涂抹)工具移动像素，使原头像完全被新加入的头像所覆盖，此时图像的效果如图5.126所示。

图5.125　使用【液化】滤镜　　　　　　　　图5.126　完全覆盖原头像

步骤04 现在对黑白图层着色。使用【色彩平衡】命令增加图层的红色和黄色，效果如图5.127所示。再使用【曲线】命令增加暗部的红色并提高图像的反差，效果如图5.128所示。更详细的步骤可参阅5.3节的内容。

图5.127　使用【色彩平衡】命令　　　　　　图5.128　使用【曲线】命令

步骤05 在工具栏上选择 (橡皮)工具，设置【压力】为20%，在图像的头发区域进行擦拭，如图5.129所示。头发区域会逐渐变得透明而与下面的图层相融合。

步骤06 还要绘制几根零散的头发。在图层面板上单击 (创建新图层)按钮，创建一个空白的新图层；在工具栏上选择 (钢笔)工具绘制发丝，如图5.130所示。用黑色对发丝进行描边，再使用 (橡皮)工具将其擦淡。

步骤07 将下层的头花复制到新图层并排列在头像图层上层；在图层面板上单击 按钮，选择【拼合图层】。换头婚纱照就完成了，效果如图5.131所示。

图5.129　擦拭发际边缘

图5.130　绘制发丝

图5.131　完成的换头婚纱照

5.7　合成婚纱照

　　"由于影楼的条件限制，拍摄婚纱照时也许没有满意的配景与背景，但在后期制作时可以利用 Photoshop 将大千世界的各种图像合成进来，使用【蒙版】工具还能实现人物和背景的淡入淡出效果，使婚纱照更具有梦幻般的色彩。"

5.7.1　使用花朵作为配景

在本节的第一个实例中，我们将用荷花当作配景，使新娘与荷花一齐绽放，如图5.132、图5.133所示。

图5.132　原始图像　　　　　　　　图5.133　合成婚纱照

步骤01 启动Photoshop，新建一个宽700像素、高1000像素的图像文件，使用 工具绘制黄绿相间的背景；打开配套光盘【素材】文件夹中的529.jpg图像文件，这是一幅荷花的图像，如图5.134所示。在工具栏使用 工具将荷花区域选中，然后使用 工具将它拖动到背景图像中，并使用【自由变换】命令调整荷花的大小和位置，如图5.135所示。

图5.134　同时打开两幅图像　　　　图5.135　调入荷花图像并变换大小

步骤02 打开配套光盘"素材"文件夹中的530.jpg图像文件，这是一幅婚纱照，如图5.136所示。使用 工具，将人物区域选中，然后使用 工具将它拖动到背景图像中，如图5.137所示。

图5.136　打开人物图像　　　　　图5.137　调入人物图像

步骤03 打开配套光盘"素材"文件夹中的531.jpg图像文件，这是一朵荷花的图像，如图5.138所示。在菜单栏选择【选择】|【全选】命令，使用 ▶ (移动)工具将它拖动到合成图像中，如图5.139所示。

图5.138　打开荷花图像　　　　　图5.139　调入荷花图像

步骤04 下面使用【蒙版】制作荷花图层淡入淡出的效果。在图层面板下部单击 ▣ (添加蒙版)按钮，将前景色设置为黑色，使用画笔工具在荷花的边缘涂抹，被涂抹的区域会逐渐变得透明，如图5.140所示。此时图层面板的状态如图5.141所示。

图5.140　制作图层淡入淡出效果　　　图5.141　图层面板的状态

步骤05 现在使用【蒙版】和 ▣ (渐变)工具制作人物图层的淡入淡出效果。激活人物图层，单击 ▣ (添加蒙版)按钮，在工具栏上选择 ▣ (渐变)工具，设置为从黑色到白色的线性渐变，然后在视图中从下至上拖动鼠标，人物图层的下部会逐渐变得透明，如图5.142所示。此时图层面板的状态如图5.143所示。

图5.142　人物下部的淡入淡出效果　　图5.143　使用渐变色填充蒙板

步骤06 我们希望人物的周围亮一些。在图层面板上单击 (创建新图层)按钮创建一个空白的新图层；使用 (椭圆选框)工具建立椭圆形选区并在选区内填充白色，将该图层排列在人物图层之下，效果如图5.144所示。

步骤07 在菜单栏选择【滤镜】|【模糊】|【高斯模糊】命令，拖动调节滑块，使白色图层模糊，然后单击【确定】按钮，如图5.145所示。

图5.144　在椭圆选区填充白色　　图5.145　使用【高斯模糊】滤镜

步骤08 使用 (文字)工具输入文字作为点缀，如有兴趣还可以绘制一个像框，完成后的效果如图5.146所示。

图5.146　完成后的合成婚纱照

5.7.2　使用风景作为背景

下面用一幅风景画作为婚纱的背景，人物放置在暖色调的天空中，并将它处理成淡入淡出的效果，使婚纱照具有超现实的梦幻色彩，如图5.147、图5.148所示。

图5.147　原始照片　　　　　　　　图5.148　完成后的合成婚纱照

步骤01 启动Photoshop，新建一个宽400像素、高600像素的图像文件；打开配套光盘"素材"文件夹中的532.jpg图像文件，这是一幅风景的图像，在将风景图片选中，然后使用 ▶+ (移动)工具将它拖动到背景图像中，如图5.149所示。在图层面板下部单击 ◻ (添加蒙版) 按钮，使用 ▢ (渐变)工具在视图中填充由黑至白的渐变色，风景图层的上面部分会变得逐渐透明，此时图层面板的状态如图5.150所示。

图5.149　调入风景图像　　　　　　图5.150　使用【蒙板】功能

步骤02 在图层面板上单击 ◻ (创建新图层)按钮创建一个空白的新图层，填充为铁锈红色；在图层面板下部单击 ◻ (添加蒙版)按钮，使用 ▢ (渐变)工具在视图中填充由白至黑的渐变色，铁锈红色图层的下面部分会变得逐渐透明，从而显露出下层的风景画面，如图5.151所示。此时图层面板的状态如图5.152所示。

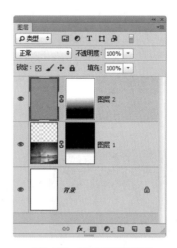

图5.151　填充铁锈红色　　　　　　　　图5.152　图层面板的状态

步骤03 打开配套光盘"素材"文件夹中的533.jpg图像文件，这是一幅婚纱照，如图5.153所示。在工具栏上选择 ✎ (多边形套索)工具，在选项栏设置【羽化】值为2像素，然后选择人物区域，使用 ▶⊹ (移动)工具将它拖动到背景图像中，并使用【自由变换】命令调整人物的大小和位置，如图5.154所示。

图5.153　打开人物图像　　　　　　　　图5.154　调入人物并调整大小

步骤04 现在使用【蒙版】和 ▭ (渐变)工具制作人物图层的淡入淡出效果。在图层面板单击 ▭ (添加蒙版)按钮，为人物图层添加蒙版；在工具栏选择 ▭ (渐变)工具，在选项栏设置为由白至黑的径向渐变，在人物图层由图像的中心向边缘拖动鼠标，图层的周边区域会逐渐变得透明，如图5.155所示。此时图层面板的状态如图5.156所示。

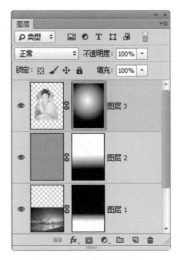

图5.155　制作淡入淡出效果　　　　　图5.156　图层面板的状态

步骤05 我们希望人物的周围亮一些。在图层面板上单击 ▣ (创建新图层)按钮创建一个空白的新图层；使用 ○. (椭圆选框)工具建立椭圆形选区并在选区内填充白色，将该图层排列在人物图层之下，效果如图5.157所示。

步骤06 在菜单栏选择【滤镜】|【模糊】|【高斯模糊】命令，拖动调节滑块使白色图层模糊，然后单击【确定】按钮，如图5.158所示。

图5.157　在椭圆选区填充白色　　　　　图5.158　【高斯模糊】滤镜处理后的效果

步骤07 使用 T. (文字)工具输入文字作为点缀，如有兴趣还可以绘制一个像框，完成后的效果如图5.159所示。

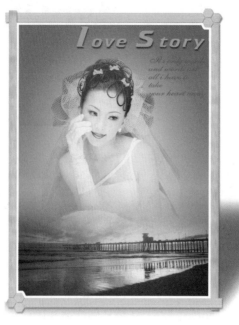

图5.159　完成后的合成婚纱照

5.8　天 空 之 城

"本例在蓝天图像中将山峰的图像旋转180度，再与草地的图像结合，形成倒立的锥形平台；接着调入建筑的图像并制作镜头光晕等特效，绘制一座漂浮在空中的城市，效果如图5.160所示。"

图5.160　用蓝天、山峰等图像合成的天空之城

步骤01→ 启动Photoshop。打开本书配套光盘"素材"文件夹下的lt01.jpg图像文件，这是一幅蓝天的图像，如图5.161所示。

步骤02→ 打开本书配套光盘"素材"文件夹下的sf01.jpg图像文件，这是一幅山峰的图像；选择该图像的全部区域，将其拖动到蓝天的图像中，如图5.162所示。

图5.161　一幅蓝天的图像

图5.162　拖入山峰的图像

步骤03→ 选择山峰的区域，在菜单栏执行【选择】|【反选】命令，在键盘上按Delete键将山峰以外的区域删除，如图5.163所示。

步骤04→ 在菜单栏执行【选择】|【取消选择】命令清除图像中的选区，执行【编辑】|【变换】|【旋转180度】命令，此时图像的效果如图5.164所示。

图5.163　将山峰以外的区域其删除

图5.164　将山峰图像旋转180度

步骤05→ 打开本书配套光盘"素材"文件夹下的cd01.jpg图像文件，这是一幅草地的图像。选择该图像的草地区域，将其拖动到蓝天的图像中，如图5.165所示。

步骤06→ 在【图层】面板上适当降低草地图层的不透明度，以便观察到草地图层之下倒立的山峰图像；在工具栏选择 ✐(钢笔)工具，在图像中绘制路径图形，如图5.166所示。

图5.165　拖入草地的图像

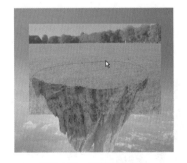

图5.166　绘制路径图形

步骤07→ 将路径图形转化为选区；在菜单栏执行【选择】|【反相】命令，在键盘上按Delete键删除选区以外的区域；在【图层】面板上恢复草地图层的不透明度为100%，此时图像的效果如图5.167所示。

步骤08 打开本书配套光盘的素材文件夹下的jz01.psd图像文件，这是一幅建筑的分层图像，选择建筑所在图层，将其拖动到蓝天的图像中，如图5.168所示。

图5.167 删除选区以外的区域

图5.168 拖入建筑的分层图像

步骤09 在【图层】面板单击 ▢ (添加图层蒙版)按钮，为建筑所在的图像添加图层蒙版；在工具栏选择 ✎ (画笔)工具，设置该工具的【流量】为30%，用黑色在图层蒙版上进行绘制，所绘之处的图像会逐渐变得透明，用这样的方法可使建筑的下半部分变成半透明状态。效果如图5.169所示。

步骤10 在【图层】面板单击 ▢ (创建新图层)按钮，在图像中创建一个新图层；在工具栏选择 ✎ (画笔)工具，设置该工具的【流量】为30%，用白色在图像中绘制瀑布，效果如图5.170所示。

图5.169 添加图层蒙版

图5.170 在图像中绘制瀑布

步骤11 创建一个新图层并填充黑色；在菜单栏执行【滤镜】|【渲染】|【镜头光晕】命令，如图5.171所示。在图层面板上，将该图层的混合模式设置为【滤色】，此时图像的效果如图5.172所示。

图5.171 【镜头光晕】滤镜的效果

图5.172 设置图层的混合模式

步骤12 创建一个新图层；在工具栏选择 ▭ (渐变)工具，设置渐变色为【透明彩虹渐变】，在图像中拖动鼠标绘制一条渐变色带，如图5.173所示。

步骤13 在菜单栏执行【编辑】|【变换】|【变形】命令，将渐变色带变形为弧形；在【图层】面板上，将该图层的混合模式设置为【滤色】。本例最终效果如图5.174所示。

图5.173　绘制一条渐变色带　　　图5.174　设置图层的混合模式为【滤色】

5.9　水 下 城 市

"本例利用图层蒙版将傍晚的城市图像与水下场景融合在一起，形成梦幻般的水下城市图像，效果如图5.175所示。"

图5.175　城市图像与水下场景融合形成水下城市

步骤01 启动Photoshop。打开本书配套光盘"素材"文件夹下的cs01.jpg图像文件，这是一幅城市的图像，如图5.176所示。

步骤02 打开本书配套光盘"素材"文件夹下的sx01.jpg图像文件，将水下图像全部选中，并复制到城市图像中，如图5.177所示。

图5.176　一幅城市的图像　　　图5.177　复制水下图像到城市图像中

步骤03 在【图层】面板单击 ▣ (添加图层蒙版)按钮，为"图层1"添加一个图层蒙版；在工具栏选择 ▣ (渐变)工具，使用由白至黑的渐变色在图层蒙版上填充，观察到水下图像的下半部分逐渐变得透明，如图5.178所示。

步骤04 打开本书配套光盘"素材"文件夹下的"鲨鱼.jpg"图像文件；将鲨鱼图像全部选中，并复制到城市图像中，如图5.179所示。

图5.178　水下图像的下半部分变得透明　　图5.179　复制鲨鱼图像到城市图像中

步骤05 在【图层】面板单击 ▣ (添加图层蒙版)按钮为"图层2"添加一个图层蒙版；在工具栏选择 🖌 (画笔)工具，设置该工具的【流量】为30%，用黑色在鲨鱼周围区域进行绘制，观察到所绘之处的图像随之变得透明，如图5.180所示。本例的最终效果如图5.181所示。

图5.180　在图层蒙版上绘制　　图5.181　水下场景与城市图像的合成效果

5.10　闯入旱地的轮船

"本例将轮船与一幅旱地的图像进行合成，用变形功能制作土地的开裂，又用图层的功能制作土地开裂的厚度，最终形成一幅闯入旱地的轮船图像，如图5.182所示。"

图5.182　轮船与旱地合成的闯入旱地的轮船图像

步骤01　启动Photoshop。打开本书配套光盘"素材"文件夹下的lc01.jpg和hd01. jpg图像文件，这是一幅轮船图像和一幅旱地图像，如图5.183所示。

步骤02　选择轮船区域，并将其复制到旱地图像中，使用【自由变换】命令调整轮船的位置和大小，如图5.184所示。

图5.183　轮船图像和旱地图像　　　　图5.184　将轮船图像复制到旱地图像中

步骤03　在工具栏选择 ⬚ (矩形选框)工具，在图像中建立矩形区域，将选区中的图像复制到新的图层并将该图层排列在轮船图层上方；在菜单栏执行【编辑】|【变换】|【变形】命令，拖动调节手柄将图像稍做变形，如图5.185所示。

步骤04　在工具栏选择 ⬚ (多边形套索)工具，根据土地的裂纹建立选区，然后使用【变形】命令将土地纹理适当变形。这样土地就好像产生了裂缝，如图5.186所示。

图5.185　将图像稍做变形　　　　　图5.186　土地好像产生了裂缝

步骤05　选择一块变形后的土地纹理，使用【通过拷贝的图层】命令将其复制到新的图层，并将该操作得到的图层向下排列一层，向右移动少许，使用【亮度/对比度】命令适当降低图像的亮度，这样，开裂的土地就具有了厚度感，如图5.187所示。

步骤06 使用同样的操作使土地的其他开裂也具有厚度感，如图5.188所示。

图5.187　开裂的土地具有了厚度感　　　图5.188　制作其他开裂的厚度感

步骤07 创建一个新图层，在工具栏选择 ✐ (铅笔)工具，用黑色绘制轮船的阴影形状，如图5.189所示。使用【高斯模糊】滤镜使阴影图形适当模糊，并在【图层】面板上将阴影图层的【不透明度】设置为55%。本例最终效果如图5.190所示。

图5.189　绘制轮船的阴影　　　图5.190　降低阴影图层的不透明度

5.11　篮球中的人头

 "本例将篮球与人物的面部图像进行合成，又用变形后的手镯图像遮盖两幅图像之间的衔接之处,形成人头处于篮球中的图像效果,如图5.191所示。"

图5.191　篮球与人面合成的篮球中的人头图像

步骤01 启动Photoshop。打开本书配套光盘"素材"文件夹下的"篮球.jpg"图像文件，这是一幅篮球的图像，如图5.192所示。

步骤02 使用 ▣ (矩形选框)工具框选篮球的下半部分，使用【自由变换】命令将选区中的图像在垂直方向适当放大，如图5.193所示。

图5.192　篮球的图像　　　图5.193　将选区中的图像垂直放大

步骤03 打开本书配套光盘的"素材"文件夹下的"手镯.psd"图像文件，这是一幅手镯的分层图像。将手镯图像所在的图层复制到篮球图像中，如图5.194所示。

步骤04 使用 ▣ (矩形选框)工具选择手镯的左半部分，使用 ▸♦ (移动)工具将其向左移动；再选择右半部分，将其向右移动；如图5.195所示。

图5.194　复制手镯到篮球图像中　图5.195　将手镯的两部分向左右两边移动

步骤05 使用 ▣ (矩形选框)工具选择左面半个手镯图像的右部的边缘区域，使用【自由变换】命令将其水平放大，这样手镯就变成被拉伸的扁环状图像，如图5.196所示。

步骤06 使用 ▣ (矩形选框)工具选择扁环状图像的中间部分，使用【变形】命令变换该区域的形状，如图5.197所示。

图5.196　手镯变成被拉伸的扁环状　图5.197　使用【变形】命令变换形状

步骤**07** 在菜单栏执行【图像】|【调整】|【色相/饱和度】命令，将绿色的扁环图像调整为深棕色，效果如图5.198所示。

步骤**08** 打开本书配套光盘"素材"文件夹下的rw05.jpg图像文件，这是一幅人物的局部图像；选择该图像的全部区域，将其复制到篮球图像中，排列在扁环图像的下层，如图5.199所示。

图5.198 将颜色调整为深棕色　　　　图5.199 复制面部图像到篮球图像中

步骤**09** 使用 ✐(橡皮)工具擦除人物面部的多余区域，效果如图5.200所示。

步骤**10** 在【图层】面部上单击 ◻(创建新图层)按钮新建一个空白的图层，使用 ✐(画笔)工具用黑色在扁环的内部边缘绘制阴影。本例最终效果如图5.201所示。

图5.200 擦除面部的多余区域　　　　图5.201 用画笔工具绘制阴影

5.12　插花的鸡蛋

"Photoshop中的很多功能都可以灵活运用。只要开动脑筋，就可以创造出引人注目的图像。本例运用图层的功能在鸡蛋上挖孔，鸡蛋就变成了容器。将两支花插入这个容器中，效果如图5.202所示。"

图5.202　鸡蛋变成容器的效果图

步骤01 启动Photoshop。打开本书配套光盘"素材"文件夹下的jd01.jpg图像文件，这是一幅鸡蛋的图像，如图5.203所示。

步骤02 在工具栏选择 ⬭.(椭圆选框)工具，在图像中右侧鸡蛋的上部建立椭圆形选区，如图5.204所示。

图5.203　鸡蛋的图像

图5.204　建立椭圆形选区

步骤03 在图像中单击鼠标右键，在弹出的右键菜单中选择【通过拷贝的图层】命令将选区中的图像复制到新的图层；在菜单栏执行【编辑】|【变换】|【旋转180度】命令，效果如图5.205所示。

步骤04 使用【图像】|【调整】|【亮度/对比度】命令，适当降低椭圆图形的亮度，效果如图5.206所示。

图5.205　将选区中的图像旋转180度

图5.206　适当降低椭圆图形的亮度

步骤05 在椭圆图形的上部建立月牙形选区，如图5.207所示。在工具栏选择 ▣ (渐变)工具，在选区中填充灰色至浅灰色再至灰色的渐变色，效果如图5.208所示。

图5.207 建立月牙形选区　　　　　图5.208 在选区内填充渐变色

步骤06 选择椭圆形的边缘区域，如图5.209所示。使用 ▣ (渐变)工具，在选区中填充浅灰色至白色再至浅灰色的渐变色，在菜单栏执行【选择】|【取消选择】命令取消图像中的选区。使用同样的方法制作左侧鸡蛋的打孔效果，如图5.210所示。

图5.209 选择边缘区域并填充渐变色　　　　图5.210 制作左侧鸡蛋的打孔效果

步骤07 打开本书配套光盘"素材"文件夹下的hua01.psd图像文件，这是一幅花的分层图像。在图层面板上选择花的图层，将花的图像拖动到鸡蛋图像中，如图5.211所示。

步骤08 在【图层】面板上将花的图层复制；使用【自由变换】命令分别调整花图像的位置和角度，并删除多余的区域。本例最终效果如图5.212所示。

图5.211 拖入花的图像　　　　　图5.212 将花复制并调整位置和角度

第6章　手绘功夫

"电脑的手绘功能非常强大，它不仅具有传统绘画工具的所有功能，在很多方面甚至优于传统绘画工具。只是要习惯于使用电脑来作画，需要适应一段时间。很多常年从事美术创作的人员，往往在刚接触电脑绘画时感到力不从心，这实际上是由于不习惯而造成的，并不能因此就认为电脑绘画不如传统绘画。另外，电脑绘画作品可以方便地进行各种修改，比传统绘画更容易满足客户的要求。本章通过几个实例来讲述在Photoshop中的手绘技巧。"

6.1　绘制几何体

"在日常生活中所看到的物体有很大一部分是由几何体组成的。所以绘制几何体是绘画艺术的基本功。用Photoshop绘制几何体较传统的绘画更为方便，这是因为它可以快速地绘制几何图形，使用 ▣（渐变填充）工具可以准确、方便地填色。下面学习几何体的绘制方法，最终效果如图6.1所示。"

图6.1　基本几何体

6.1.1　绘制立方体

步骤01 启动Photoshop，新建一幅背景色为蓝灰色的图像；创建新图层，使用 ▣（矩形选框）工具建立矩形选区并填充灰色，这样就绘制了一个矩形图案，如图6.2所示。

步骤02 将该图层复制两次，图像中即具有了三个矩形图层；使用【亮度/对比度】命令分别调整三个图层，使矩形图案具有不同的亮度，如图6.3所示。

图6.2 绘制矩形图案

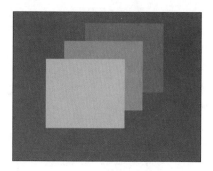

图6.3 复制图层并调节亮度

步骤03 在图层面板上激活第一个图层，在菜单栏中选择【图像】|【变换】|【扭曲】命令，在矩形的周围出现调节手柄，拖动手柄使它变形，效果如图6.4所示。

步骤04 在图层面板上激活第二个图层，同样使用菜单中的【扭曲】命令使矩形图案变形，效果如图6.5所示。

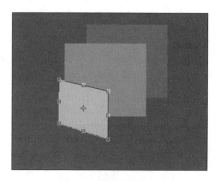

图6.4 使用【扭曲】命令

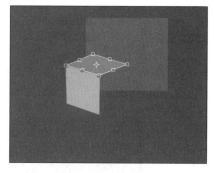

图6.5 变换第二个矩形图案

步骤05 在图层面板上激活第三个图层，使用同样的方法变换它的形状，效果如图6.6所示。仔细调整各图层的位置，就绘出了立方体的初步形状，如图6.7所示。

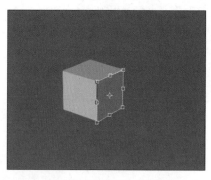

图6.6 变换第三个矩形图案

图6.7 立方体的初步形状

步骤06 许多初学者发现自己所绘制立方体有些"歪"，这时可以使用图6.8的方法在视图中绘制一些辅助线，再使用【变换】命令组中的【扭曲】或【倾斜】命令仔细变换立方体各表面的形状，即可得到准确的立方体。

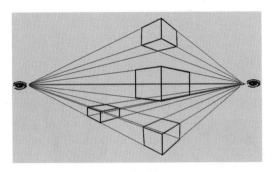

图6.8　绘制透视辅助线

步骤07 将立方体的三个图层链接，选择【合并链接图层】；在菜单栏选择【图像】|【调整】|【色彩平衡】命令，弹出【色彩平衡】调节面板，如图6.9所示。拖动滑杆即可为立方体上色，这样就完成了彩色立方体的绘制，效果如图6.10所示。

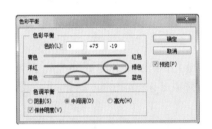

图6.9　使用【色彩平衡】命令

图6.10　彩色的立方体

6.1.2　绘制球体

步骤01 在图层面板上单击 ▣ (创建新图层)按钮创建一个新图层；在工具栏上选择 ◯ (椭圆选框)工具，在键盘上按住Shift键不放，在视图中拖动鼠标，即可绘制一个正圆形选区，如图6.11所示。

步骤02 现在设置渐变色。在工具栏上选择 ▭ (渐变填充)工具，在该工具的选项栏上单击 ▬▬▬ (渐变色示意窗)，弹出渐变编辑器，调整各色标的颜色，如图6.12所示，单击【确定】按钮。

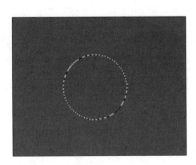

图6.11　绘制正圆形选区

图6.12　设置渐变色

步骤**03** 在选项栏上单击 □ (径向)按钮将渐变类型设置为径向渐变,如图6.13所示。然后在视图中从圆形选区的左上部位向右下部拖动鼠标,圆形的选区内即被填充了渐变色,效果如图6.14所示。

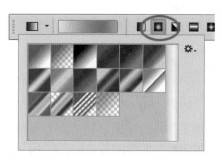
图6.13 设置为径向渐变

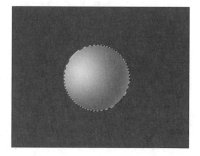
图6.14 对选区进行渐变色填充

步骤**04** 下面对圆球的明暗进行细致修整。在工具栏上选择 ◎ (加深)工具,设置较小的笔刷强度,在圆球的背光部拖动鼠标,形成圆球的暗部;然后选择 ◄ (减淡)工具,设置较小的笔刷强度,在圆球的高光部拖动鼠标形成圆球的亮部,如图6.15所示。

步骤**05** 在菜单栏上选择【图像】|【调整】|【色彩平衡】命令,弹出【色彩平衡】调节面板,拖动滑杆为圆球上色,这样就完成了彩色圆球体的绘制,效果如图6.16所示。

图6.15 使用加深工具

图6.16 使用【色彩平衡】命令

6.1.3 绘制圆柱体

步骤**01** 在图层面板上单击 ▢ (创建新图层)按钮创建一个新图层;在工具栏上选择 ▢ (矩形选框)工具,在视图中拖动鼠标,即可绘制一个矩形选区,如图6.17所示。

步骤**02** 现在设置渐变色。在工具栏上选择 ▢ (渐变填充)工具,在该工具的选项栏上单击 ▬▬▬◄ (渐变色示意窗),弹出渐变编辑器,调整各色标的颜色,如图6.18所示,单击【确定】按钮。

图6.17　绘制矩形选区

图6.18　设置渐变色

步骤03 在选项栏上单击 ▣ (线性)按钮，将渐变类型设置为线性渐变，如图6.19所示。然后在视图中在矩形选区内从左向右拖动鼠标，矩形的选区内即被填充了渐变色，效果如图6.20所示。

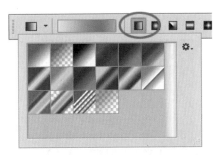

图6.19　设置为线性渐变

图6.20　填充渐变色

步骤04 在工具栏上选择 ○ (椭圆选框)工具，在视图中拖出一个圆形选区，在菜单栏中选择【选择】|【变换选区】命令，将椭圆选区准确地调整到矩形图像底部，如图6.21所示。再选择 □ (矩形选框)工具，在键盘上按住Shift键不放，将矩形图像的上部也加入选择，执行【反选】后，在键盘上按下Delete键选区以外的区域删除，效果如图6.22所示。

图6.21　变换选区

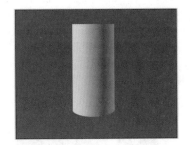

图6.22　删除多余部分

步骤05 工具栏上选择 ○ (椭圆选框)工具，在视图中拖出一个圆形选区，在菜单栏中选择【选择】|【变换选区】命令，将椭圆选区准确地调整到矩形图像顶部，如图6.23所示。然后选择 ◈ (油漆桶)工具，在选区内填充灰色，效果如图6.24所示。

图6.23　变换选区　　　　　　　图6.24　在选区内填充灰色

步骤06 在工具栏上选择 （多边形套索）工具，选择圆柱体的多余区域，在键盘上按下Delete键将其删除，效果如图6.25所示。

步骤07 在菜单栏上选择【图像】|【调整】|【色彩平衡】命令，弹出【色彩平衡】调节面板，拖动滑块增加图像的红色及洋红色，单击【确定】按钮。这样就完成了彩色圆柱体的绘制，效果如图6.26所示。

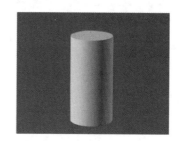

图6.25　删除多余部分　　　　　　图6.26　使用【色彩平衡】命令

6.1.4　绘制圆管与圆锥

步骤01 现在在圆柱的基础上绘制圆管。在图层面板上将圆柱图层栏拖动到 （创建新图层）按钮上，这样就复制了一个圆柱图层；使用 （椭圆选框）工具绘制椭圆选区，如图6.27所示。在工具栏上使用 （渐变填充）工具，在选区内由右向左拖动，为选区内填充渐变色，这样就绘制了一个圆管，如图6.28所示。

图6.27　绘制椭圆选区　　　　　　图6.28　在选区内填充渐变色

步骤02 现在在圆柱的基础上绘制圆锥。在图层面板上将圆柱图层栏拖动到 （创建新图层）按钮上，这样就复制了一个圆柱图层；将圆柱的上半部选中，在键盘上按下Delete键将其删除；再次使用 （矩形选框）工具选择图像的上半部，如图6.29所示。在菜单栏选择【编辑】|【变换】|【透视】命令，拖动右上角的控制手柄，圆柱的形状发生改变，如图6.30所示。

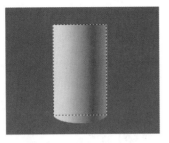
图6.29　选择图像的上半部

图6.30　使用【透视】变换命令

步骤03→ 继续使用【透视】命令进行调整，拖动右上角的控制手柄使其居中，圆柱体就变成了圆锥体，如图6.31所示。

步骤04→ 在菜单栏选择【图像】|【调整】|【色彩平衡】命令，弹出【色彩平衡】调节面板，拖动滑块为图像上色，这样就完成了彩色圆锥体的绘制，效果如图6.32所示。

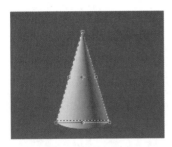
图6.31　变成了圆锥体

图6.32　使用【色彩平衡】命令

6.1.5　绘制圆环

步骤01→ 首先绘制同心圆。新建一个图层，使用 ◯.(椭圆选框)工具绘制一个正圆选区并填充为灰色，再次新建图层，绘制较小的正圆选区，并填充为红色，如图6.33所示。

步骤02→ 现在对齐图层。在图层面板上链接两个圆形图层，选择【图层】|【对齐链接图层】|【垂直居中】命令，如图6.34所示。

图6.33　绘制圆形图案

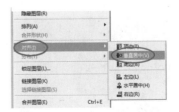
图6.34　使图层对齐

步骤03→ 再次选择【图层】|【对齐链接图层】|【水平居中】命令，这样两个图层中的圆形便以中点对齐，而形成同心圆，如图6.35所示。在键盘上按下Ctrl键并在图层

面板上单击小圆的图层栏，提取小圆的选区，然后删除该图层；激活大圆图层，在键盘上按下Delete键，删除选择区域内的部分，形成圆环图案，效果如图6.36所示。

图6.35 形成同心圆　　　　　　　　图6.36 删除内部圆形区域

步骤04▶ 现在使用【图层样式】功能产生圆环的明暗面。在图层面板上单击 *fx.*（混合选项）按钮，弹出【图层样式】面板，如图6.37所示。勾选【斜面与浮雕】复选框，并仔细调整【深度】、【大小】等滑块，形成如图6.38所示的效果，单击【确定】按钮。

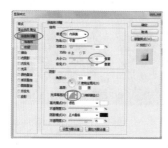 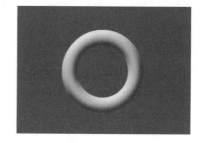

图6.37 使用【图层样式】面板　　　图6.38 制作浮雕效果

步骤05▶ 在图层面板上单击 （创建新图层）按钮新建一个空白的新图层，并将该图层与圆环图层合并。再次使用【图层样式】的【斜面与浮雕】效果，调整不同的光照角度，增加圆环暗部的反光效果，如图6.39所示。

步骤06▶ 使用【自由变换】命令改变圆环的形状；在菜单栏选择【图像】|【调整】|【色彩平衡】命令，弹出【色彩平衡】调节面板，拖动滑块为图像上色；对于圆环上不满意的地方，可以在工具栏上选择 （加深）或 （减淡）工具进行修整，这样就完成了彩色圆环体的绘制，如图6.40所示。

 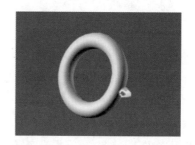

图6.39 再次制作浮雕效果　　　　　图6.40 使用加深或减淡工具修整

6.1.6　绘制阴影与倒影

步骤01　将刚才所绘制的立方体、圆柱体、圆球体、圆管、圆环等图层都显示出来，效果如图6.41所示。

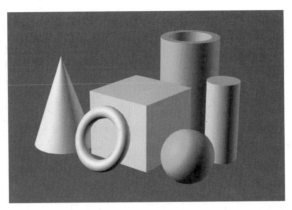

图6.41　显示所有图层

步骤02　首先制作圆环体投射在立方体上的阴影。将圆环图层复制，使用【亮度/对比度】命令降低图像的亮度，形成黑色的圆环，如图6.42所示。再使用【编辑】|【自由变换】命令变换黑色圆环的形状，如图6.43所示。

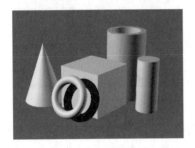

图6.42　制作圆环阴影图层

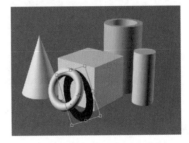

图6.43　变换阴影的形状

步骤03　圆环体投射到地面上的阴影产生了强烈的变形，这一部分阴影要使用 ✐(画笔)工具进行绘制，如图6.44所示。在菜单栏中选择【滤镜】|【模糊】|【高斯模糊】命令，使阴影图层变得模糊一些，并适当降低图层的不透明度，效果如图6.45所示。

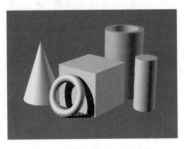

图6.44　绘制地面上的阴影

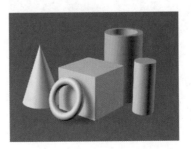

图6.45　【高斯模糊】后的效果

步骤04 下面绘制立方体的阴影。这个阴影是投射到了圆柱体的曲面上，阴影的边缘很不规则。在图层面板上单击 ⬛ (创建新图层)按钮创建一个新图层，在工具栏上选择 ✏ (画笔)工具绘制阴影的形状，如图6.46所示。然后将该阴影图层栏排列在立方体图层之下，效果如图6.47所示。

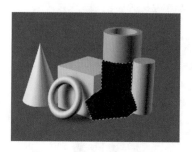

图6.46　绘制立方体的阴影

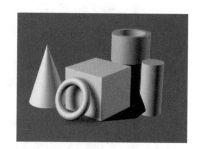

图6.47　排列在立方体图层之下

步骤05 在菜单栏选择【滤镜】|【模糊】|【高斯模糊】命令，使阴影图层变得模糊一些，并适当降低图层的不透明度，效果如图6.48所示。

步骤06 其他物体阴影的制作方法与此相同，不再赘述。效果如图6.49所示。

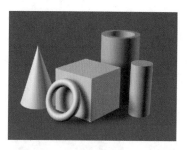

图6.48　【高斯模糊】后的效果

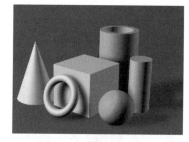

图6.49　制作其他物体的阴影

步骤07 下面制作立方体的倒影。在图层面板上将立方体的图层栏拖动到 ⬛ (创建新图层)按钮上将其复制，然后选择【编辑】|【变换】|【垂直翻转】命令，在工具栏上选择 ✛ (移动)工具将复制图层移动到合适的位置，如图6.50所示。

步骤08 在工具栏上选择 ⬚ (矩形选框)工具，将复制图层的左侧选中，然后选择【编辑】|【变换】|【斜切】命令，拖动控制手柄变换左侧的图案，如图6.51所示。

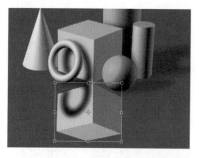

图6.50　复制并翻转立方体图层

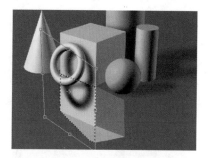

图6.51　变换左侧的图案

步骤09　在工具栏上选择 ▣ (矩形选框)工具，将复制图层的右侧选择，然后选择【编辑】|【变换】|【斜切】命令，拖动控制手柄变换右侧的图案，如图6.52所示。

步骤10　在工具栏上使用 ▽ (多边形套索)工具将倒影图层的多余区域选中，按下Delete键将其删除；然后在图层面板上降低该图层的不透明度，效果如图6.53所示。

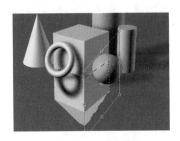

图6.52　变换右侧的图案

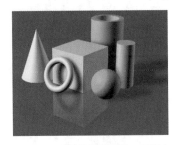

图6.53　降低倒影图层的不透明度

步骤11　下面制作圆锥体的倒影。将圆锥体的图层复制，然后选择【编辑】|【变换】|【垂直翻转】命令，如图6.54所示。选择倒影图层的多余区域，按下Delete键将其删除；再降低该图层的不透明度，这样就形成了圆锥体倒影，如图6.55所示。

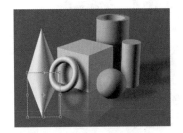

图6.54　复制并翻转锥体图层

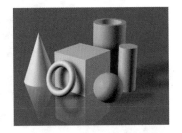

图6.55　形成锥体倒影

步骤12　下面制作圆环体的倒影。首先将该图层复制，然后使用【自由变换】命令修改它的形状，如图6.56所示。由于圆环的倒影变形较大，还要使用路径工具绘出倒影的边界，转换为选区后再使用 ▽ (涂抹)工具进行修整，如图6.57所示。

图6.56　复制并变换圆环图层

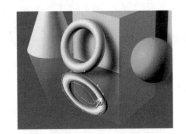

图6.57　使用涂抹工具进行修整

步骤13　要得到逼真的圆环倒影，还需要重新修整倒影的明暗面。在工具栏上选择 ◔ (加深)工具或 ◔ (减淡)工具，在图像上拖动，可以修整倒影图像的明暗面，如图6.58所示。然后降低该图层的不透明度，效果如图6.59所示。

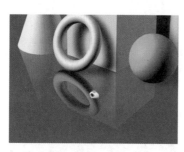

图6.58　修整倒影的明暗面

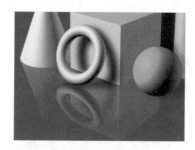

图6.59　降低倒影图层的不透明度

步骤14　最后使用【色彩平衡】命令调整各个图层的色调，使之协调，一堆彩色的几何体就绘制完成了，效果真是不错！如图6.60所示。

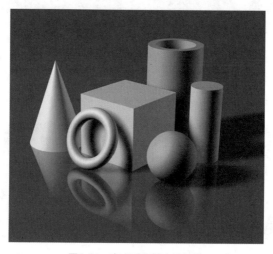

图6.60　完成后的基本几何体

6.2　将六面体挖成盒子

"用电脑绘图时，经常需要在现有的物体上进行切割、挖洞，使它变成一个新的物体。本例将在一个六面体上挖出空间，使它变成一个盒子，如图6.61所示。"

图6.61　六面体挖成的盒子

步骤01 启动Photoshop。打开本书配套光盘"素材"文件夹下的fh01.jpg图像文件，这是一幅六面体的图像，如图6.62所示。

步骤02 在工具栏选择 ✍ (钢笔)工具，在图像中绘制四边形的路径图形，然后单击鼠标右键，在弹出的右键菜单中选择【填充路径】命令，在路径图形中填充淡绿色，如图6.63所示。

图6.62　六面体的图像　　　图6.63　在路径图形中填充淡绿色

步骤03 删除路径线条；在工具栏选择 ⛯ (多边形选框)工具，建立如图6.64所示的三角形选区，在该选区中填充浅绿色。

步骤04 建立如图6.65所示的四边形选区，在该选区中填充饱和度稍低的浅绿色。

图6.64　在三角形选区中填充浅绿色　　　图6.65　在四边形选区中填充颜色

步骤05 使用 ✍ (钢笔)工具，在图像中绘制如图6.66示的路径图形，然后单击鼠标右键，在弹出的右键菜单中选择【填充路径】命令，在路径图形中填充与上一步骤相同的淡绿色。使用 ⛯ (多边形选框)工具建立如图6.67所示的四边形选区，在该选区中填充浅绿色。

图6.66　在路径图形中填充颜色　　　图6.67　在选区中填充颜色

步骤06 使用 (多边形选框)工具，建立如图6.68所示的选择区域，使用 (涂抹)工具，在选区中两种颜色的交界处拖动鼠标，使其呈现颜色过渡效果。在菜单栏执行【选择】|【取消选择】命令，取消图像中的选区，此时图像的效果如图6.69所示。

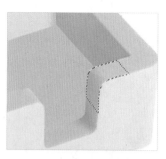

图6.68　使用涂抹工具使颜色过渡　　　　图6.69　取消选区后的效果

步骤07 打开本书配套光盘"素材"文件夹下的"画册.jpg"图像文件；将该图像全部选中，并复制到方盒图像中，如图6.70所示。

步骤08 删除图册周围多余的区域，在菜单栏执行【编辑】|【变换】|【倾斜】命令，纠正画册的倾斜状态，如图6.71所示。

图6.70　复制画册图像到方盒图像中　　　图6.71　纠正画册的倾斜状态

步骤09 在菜单栏执行【编辑】|【变换】|【扭曲】命令，再次变换图像，使用 (移动)工具将画册图像移动到如图6.72所示的位置。

步骤10 删除画册图像与方盒边框重叠的区域，效果如图6.73所示。

图6.72　使用【扭曲】命令变换图像　　　图6.73　删除画册与边框重叠的区域

步骤11 打开本书配套光盘"素材"文件夹下的"网球.jpg"图像文件；将该图像全部选中，并复制到方盒图像中，如图6.74所示。

步骤12 删除网球周围多余的区域，在菜单栏执行【编辑】|【自由变换】命令，调整网球的大小和位置，如图6.75所示。

图6.74　复制网球图像到方盒图像中　　　　图6.75　调整网球的大小和位置

步骤13 在网球图册之下创建一个新图层，使用 画笔工具用黑色绘制方盒内的阴影，如图6.76所示。

> 注意：无论是合成图像还是手绘图像，阴影的设置都很重要。恰当地运用光影可使图像更有层次。本例需要在盒子内的边角区域绘制一些不透明度较低的黑色。

步骤14 在菜单栏执行【滤镜】|【模糊】|【高斯模糊】命令，使黑色的阴影变得模糊一些；在【图层】面板将该图层的【不透明度】设置为40%。本例的最终效果如图6.77所示。

图6.76　绘制方盒内的阴影　　　　图6.77　降低阴影图层的不透明度

6.3　切割一颗子弹

"在实际工作中，有时候需要将图像中的物体外壳切开，以展示其内部的结构。本例通过将图像中的子弹切割成带有缺口的圆筒形状，来演示切开物体外壳的操作方法，如图6.78所示。"

图6.78 将子弹切割成圆筒

步骤01 启动Photoshop。打开本书配套光盘"素材"文件夹下的zd01.psd图像文件，这是一幅子弹的分层图像，如图6.79所示。

步骤02 激活子弹所在的图层；在工具栏中选择 ▭ (矩形选框)工具，将子弹的上半部分选中；在键盘上按Delete键将其删除，然后取消选择。此时图像的效果如图6.80所示。

图6.79 一幅子弹的图像　　　　图6.80 删除子弹的上半部分

步骤03 使用 ▭ (矩形选框)工具在子弹的下半部分选择一块矩形图案，将其复制到新的图层，将该图层命名为"内壁"；使用【自由变换】命令将该图案水平翻转，如图6.81所示。

步骤04 在【图层】面板单击 ◳ (创建新图层)按钮，在图像中创建一个新图层；在新图层中建立环形选区并填充黄色，如图6.82所示。

图6.81 将该图案水平翻转　　　　图6.82 建立环形选区并填充黄色

步骤05 使用【自由变换】命令将环形图案垂直缩短，使其变为椭圆形，如图6.83所示。

步骤06 激活"内壁"图层，使用 ◹ (多边形套索)工具选择椭圆形以外的区域，在键盘上按下Delete键将其删除。在菜单栏执行【选择】|【取消选择】命令，取消图像中的选区，此时图像的效果如图6.84所示。

图6.83　将环形图案变换为椭圆形　　　图6.84　删除椭圆形以外的区域

步骤07 在菜单栏执行【编辑】|【变换】|【自由变换】命令，调整椭圆形及黄色椭圆环的位置和形状，如图6.85所示。

步骤08 在【图层】面板单击 ◻ (创建新图层)按钮，在图像中创建一个新图层；在新图层中使用黄色绘制线条，如图6.86所示。

图6.85　调整椭圆形的位置和形状　　　图6.86　绘制黄色线条

步骤09 使用 ◻ (矩形选框)工具在"内壁"图层建立选区，使用【自由变换】命令将选区中的图案垂直延长，如图6.87所示。

步骤10 删除内壁图案和黄色椭圆环图案的多余区域。本例最终效果如图6.88所示。

图6.87　将选区中的图案垂直延长　　　图6.88　删除多余的图案

6.4　圆球变成的电器面板

"在日常生活中随处可见局部是弧面的物体。例如鼠标的外壳、手机的圆弧形边角、茶杯的盖子等。在绘制这些物体时，可以先绘制一个圆球，然后对圆球或者圆球的局部进行变形，得到想要的图像效果。事实上，对某种物体的图像进行变形、变色使其成为另一种物体是很常见的操作。本例通过将一个圆球先变成胶囊状，继而变形成电器开关的面板来演示圆球图像在电脑手绘中的应用方法，如图6.89所示。"

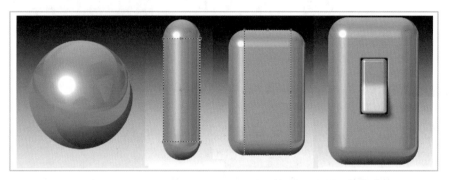

图6.89　圆球变形成胶囊状物体和电器开关面板

步骤01→ 启动Photoshop。打开本书配套光盘"素材"文件夹下的"圆球.psd"图像文件，这是一幅圆球的分层图像，如图6.90所示。

步骤02→ 使用 ▣ (矩形选框)工具选择圆球的下半部分，使用 ▶✛ (移动)工具将其向下移动；用同样的方法将圆球的上半部分向上移动，如图6.91所示。

图6.90　圆球的图像　　　　　图6.91　移动圆球的上下两部分

步骤03→ 在工具栏中选择 ▣ (矩形选框)工具，选取图像中上半球的下部边缘区域，使用【自由变换】命令将其垂直放大并与下半球图像衔接，圆球图像就变成了胶囊状图像，如图6.92所示。

步骤04→ 使用 ▣ (矩形选框)工具选择胶囊状图像的左半部分，使用 ▶✛ (移动)工具将其向左移动，用同样的方法将右半部分向右移动，如图6.93所示。

图6.92　圆球变成胶囊状　　　图6.93　移动胶囊的左右两部分

步骤05　使用 □ (矩形选框)工具选择左面半个胶囊图像的右部的边缘区域，使用【自由变换】命令将其水平放大，这样胶囊图像就变成了面板状图像，如图6.94所示。

步骤06　在【图层】面板上将当前图层命名为"面板"，然后将该图层复制得到"面板 拷贝"图层，再将"面板"图层隐藏。在图像中部建立矩形选区，在键盘上按Delete键将选区中的图像删除，形成一个方孔，如图6.95所示。

图6.94　胶囊图像变成了面板状　　图6.95　形成面板上的方孔

步骤07　使用 □ (矩形选框)工具建立比方孔稍大的选区，如图6.96所示。单击鼠标右键，在弹出的右键菜单中选择【通过拷贝的命令】将选区中的内容复制到新图层，将该操作得到的图层命名为"方孔斜面"。在【图层】面板上单击 **fx** (添加图层样式)按钮，在弹出的【图层样式】面板上勾选【斜面与浮雕】复选框，效果如图6.97所示。

图6.96　建立比方孔稍大的选区　　图6.97　斜面与浮雕的效果

步骤08　在【图层】面板上单击 ▣ (创建新图层)按钮新建一个空白图层，将空白图层与"方孔斜面"图层合并，删除方孔斜面图案的周围区域，效果如图6.98所示。

步骤**09** 在【图层】面板上单击 👁 (指示图层可见性)图标将隐藏的"面板"图层显示出来，使用平【自由变换】命令将该图层中的图像缩小，并移动到方孔内部，这样，它就成了面板上的按键图案，效果如图6.99所示。

图6.98　删除斜面图案的外周区域　　图6.99　面板上的按键

步骤**10** 在工具栏中单击 ▣ (矩形选框)工具，将该工具的【羽化】参数设置为4像素，在图像中选择按键图案的下半部分；使用【亮度/对比度】命令适当提高该选区内图像的亮度，效果如图6.100所示。

步骤**11** 在菜单栏执行【选择】|【取消选择】命令去掉图像中的选区，使用【色彩平衡】命令增加按键图案的洋红色，效果如图6.101所示。

图6.100　提高按键下半部分的亮度　　图6.101　增加按键图案的洋红色

步骤**12** 在按键图案所在的图层下方新建一个空白图层；使用 ✓ (多边形套索)工具创建按键阴影形状的选区，并在选区中填充黑色，如图6.102所示。

步骤**13** 在菜单栏执行【选择】|【取消选择】命令去掉图像中的选区，使用【高斯模糊】滤镜使黑色的阴影图案适当模糊。本例的最终效果如图6.103所示。

图6.102　创建选区并填充黑色　　图6.103　使阴影图案适当模糊

6.5　圆球变成的花盆

"将圆球的图案复制，用图层蒙版的功能将其融合在一起，再使用【自由变换】的【变形】功能将图案变形，圆球最终变成了一个花瓶。效果如图 6.104 所示。"

图6.104　圆球变成的花盆

步骤01 启动Photoshop。打开本书配套光盘"素材"文件夹下的"圆球.PSD"图像文件，这是一幅圆球的图像，如图6.105所示。

步骤02 在【图层】面板上，将圆球所在的图层复制两次；将复制得到的两个圆球图像使用【自由变换】命令将其变换为较小的椭圆形，并移动椭圆形的位置，如图6.106所示。

图6.105　圆球的图像　　　图6.106　复制圆球并变换成椭圆形

步骤03 在【图层】面板上单击 ▣ (添加图层蒙版)按钮为两个圆球图层添加蒙版；使用 ✎ (画笔)工具用黑色在蒙版中圆球交界的区域绘制，使这几个圆球在视觉效果上衔接在一起，如图6.107所示。

步骤04 在【图层】面板上将三个圆球图层合并为一个图层；使用 ⬦ (多边形套索)工具建立如图6.108所示的选区，使用 ⟲ (涂抹)工具在圆球的衔接处拖动鼠标，这样可消除一些衔接痕迹。

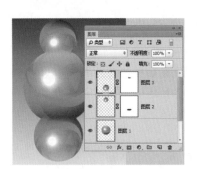

图6.107　添加图层蒙版　　　　图6.108　使用涂抹工具消除衔接痕迹

步骤05▶ 在菜单栏执行【图像】|【调整】|【色彩平衡】命令，增加图像的蓝色，效果如图6.109所示。

步骤06▶ 使用 ▢ (矩形选框)工具选择图像的下半部分，使用【自由变换】命令将选择中的图像垂直缩小，效果如图6.110所示。

图6.109　增加图像的蓝色　　　　图6.110　将下半部分垂直缩小

步骤07▶ 使用 ▢ (矩形选框)工具选择图像的上半部分，使用【自由变换】命令将选择的图像垂直放大，效果如图6.111所示。

步骤08▶ 在菜单栏执行【编辑】|【变换】|【透视】命令，将右上角的控制手柄稍向中间拖动，如图6.112所示。

图6.111　将上半部分垂直放大　　　　图6.112　使用【透视】命令变换图像

步骤09▶ 使用 ▽ (多边形选框)工具选择图像的上部区域，使用【变形】命令，拖动控制手柄使图像发生变形，如图6.113所示。再选择图像的底部区域，同样使用【变形】命令使其变形，如图6.114所示。

图6.113　使用【变形】命令变换图像　　图6.114　对底部区域变形

步骤10 使用 (钢笔)工具绘制花瓶的轮廓路径曲线，然后将路径曲线转化为选区；在菜单栏执行【选择】|【反选】命令，在键盘上按下Delete键删除花瓶之外的区域，如图6.115所示。这样，花瓶图案就变得规则了。

步骤11 取消图像中的选区，在菜单栏执行【滤镜】|【纹理】|【颗粒】命令，使花瓶的表面呈现一些颗粒状的纹理，效果如图6.116所示。

图6.116　删除花瓶之外的多余区域　图6.116　花瓶的表面呈现颗粒状纹理

步骤12 打开本书配套光盘"素材"文件夹下的"底座.jpg"图像文件；将该图像全部选中，并复制到花瓶图像中，如图图6.117所示。

步骤13 删除底座图像周围多余的区域，在【图层】面板上将该图层移动到花瓶所在的图层下方，使用 (画笔)工具绘制花瓶的阴影。本例的最终效果如图6.118所示。

图6.117　复制底座图像到花瓶图像中　图6.118　绘制花瓶的阴影

6.6 口红与指甲油瓶

茶水博士

"镀铬材料具有很强的反光特性，它具有强烈的反差；乳白塑料虽然光滑，但因为是漫反射材料，所以反差较小；玻璃是透明的，它会折射和反射周围的光线，常使背后的景物折射变形，并在表面形成反射高光点。绘画时要把握材质特性，才能表现出它们的质感。下面我们使用渐变色作图，将它调整成不同的反差，就形成了镀铬材质和乳白塑料的不同质感，如图6.119所示。完成这个练习后，你会对怎样体现物体的质感有一定的领悟。"

图6.119　口红与指甲油瓶

6.6.1　绘制口红

步骤01 启动Photshop，建立一幅1200像素×2000像素的图像，使用渐变色填充背景，如图6.120所示。在图层面板单击 (创建新图层)按钮创建一个空白图层，然后使用 (矩形选框)工具建立一个矩形选区，如图6.121所示。

图6.120　使用渐变色填充背景

图6.121　建立一个矩形选区

步骤02 在工具栏选择 ▣ (渐变填充)工具，设置渐变色如图6.122所示。然后在选择区域内由左向右拖动鼠标，选区内即被渐变色填充，如图6.123所示。

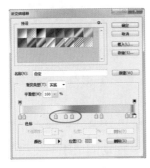

图6.122　设置渐变色

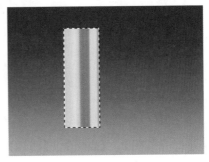

图6.123　在选区内填充渐变色

步骤03 为该图层复制两个新图层；使用【自由变换】命令修改它们的大小形状，形成口红的多层套管，如图6.124所示。再次复制一个图层，使用【自由变换】命令变换后覆盖在套管下部，如图6.125所示。

图6.124　形成口红的多层套管

图6.125　使用【自由变换】命令

步骤04 在菜单栏选择【图像】|【调整】|【亮度/对比度】命令，拖动滑块降低图像的对比度，效果如图6.126所示。将该图层复制，使用【自由变换】命令适当增加图像的宽度，并向下移动少许，效果如图6.127所示。

图6.126　降低图像的对比度

图6.127　复制图层并变换大小

步骤05 现在绘制镀铬的折边。在图层面板上单击 ⬜ (创建新图层)按钮创建一个新图层；使用 ▣ (矩形选框)工具建立一个矩形选区，设置渐变色，如图6.128所示，对选区填充后，如图6.129所示。

图6.128 设置渐变色　　　　　图6.129 填充选区后的效果

步骤06 选择【编辑】|【变换】|【透视】命令，拖动调节手柄使图像产生斜角，如图6.130所示。在图层面板上将该图层栏拖动到 🔲 (创建新图层)按钮上，将它复制多个；使用 ➕ (移动)工具将它们移动到每层套管的折边处，如图6.131所示。

图6.130 使用【透视】命令　　图6.131 移动到每层套管的折边处

步骤07 现在将图案进行变形操作。将口红的所有图层合并，选取口红图案的中间区域；在菜单栏选择【编辑】|【变换】|【变形】命令，在弹出的变形控制框中拖动调节手柄，使图案发生变形，如图6.132所示。使用同样的方法将口红的上部和底部进行变形操作，此时图像的效果如图6.133所示。

图6.132 拖动手柄使图案变形　　图6.133 变形后的图像效果

步骤08 现在绘制口红胶体。新建一个图层，在工具栏上选择 (路径)工具绘制口红胶体的轮廓，如图6.134所示。然后在路径轮廓内填充灰色，如图6.135所示。

图6.134　绘制口红胶体的轮廓

图6.135　在路径轮廓内填充灰色

步骤09 继续使用 (路径)工具绘制胶体表面的轮廓，如图6.136所示。单击右键，选择【建立选区】命令，将路径轮廓曲线转化为选区，使用【亮度/对比度】命令调节各面的亮度，效果如图6.137所示。

图6.136　绘制胶体各表面的轮廓

图6.137　调节各面的亮度

步骤10 现在为口红胶体上色。在菜单栏选择【图像】|【调整】|【色彩平衡】命令，弹出【色彩平衡】调节面板，如图6.138所示。拖动调节滑块即可改变图像颜色，然后单击【确定】按钮。如果颜色不够鲜艳，可以重复执行一次。效果如图6.139所示。

图6.138　【色彩平衡】调节面板

图6.139　拖动调节滑杆改变图像颜色

步骤11 选择【滤镜】|【纹理】|【纹理化】命令，弹出【纹理化】对话框，如图6.140所示。设置纹理类型为【砂岩】，单击【确定】按钮，效果如图6.141所示。

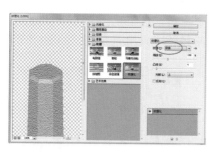

图6.140 【纹理化】滤镜对话框　　　　图6.141 产生了砂岩状纹理

步骤12 使用 T.(文字)工具输入英文"KING"，按下Ctrl键并单击文字图层栏，提取文字的选区，然后删除文字图层，这时只留下文字的选区，如图6.142a所示。激活口红胶体图层，选择【编辑】|【复制】命令，再选择【编辑】|【粘贴】命令，这样就生成了一个以口红胶体为纹理的文字图层；在图层面板上单击 **fx.**(添加图层样式)按钮，在【图层样式】面板中勾选【斜面与浮雕】，形成浮雕文字效果，如图6.142b所示。

步骤13 调整各图层的色调及亮度，使之协调，将背景图层除外的各图层链接并执行【合并链接图层】命令。口红的最终效果如图6.142c所示。

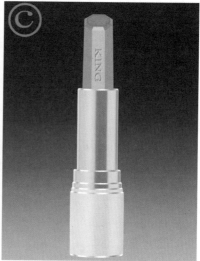

图6.142 制作口红胶体上的文字及口红的整体效果

6.6.2　绘制指甲油瓶

步骤01 首先绘制瓶盖。在图层面板上单击 □(创建新图层)按钮创建一个新图层；在工具栏上使用 □(矩形选框)工具，在视图中拖出一个矩形选区，使用 ■(渐变填充)工具在选区内由左至右进行填充，效果如图6.143所示。

步骤02 现在绘制金属带。单击 □(创建新图层)按钮创建一个新图层；在工具栏上使用 □(矩形选框)工具，在视图中拖出一个矩形选区，使用 ■(渐变填充)工具在选区内由左至右填充亮度变化较为强烈的渐变色，效果如图6.144所示。

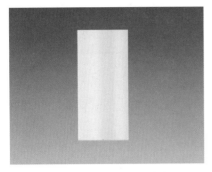
图6.143　使用渐变色填充

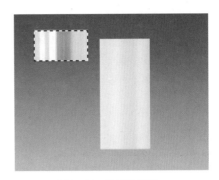
图6.144　绘制金属带

步骤03 使用【自由变换】命令将金属带图像垂直压缩并放置到合适的位置，如图6.145所示。在图层面板上单击 ▼≡ 按钮，弹出图层命令面板，在其中选择【向下合并】，将金属带与瓶盖合并到一个图层，然后使用【变形】命令使图像产生向下的弧形，效果如图6.146所示。

图6.145　变换金属带的大小和位置

图6.146　使图像产生向下的弧形

步骤04 现在绘制瓶盖的顶面。在工具栏上选取 ○.(椭圆选框)工具，在视图中拖动鼠标建立顶面的椭圆形选区，如图6.147所示。使用 ⚙ (颜料桶)工具在选区内填充为灰色，效果如图6.148所示。

图6.147　绘制椭圆形选区

图6.148　在选区内填充灰色

步骤05 在菜单栏选择【选择】|【修改】|【扩边】命令，设置扩边数值为2像素，则在原选区的边缘形成一条宽度为2像素的环形选区，如图6.149所示。在工具栏上选取 ▢ (渐变色填充)工具在选区内填充渐变色，效果如图6.150所示。

图6.149　建立环形选区　　　　图6.150　在选区内填充渐变色

步骤06 现在绘制瓶身。单击 🔲 (创建新图层)按钮创建一个新图层；在工具栏上使用 ✏ (路径)工具在视图中绘制瓶身的轮廓，如图6.151所示。单击右键，在弹出的快捷菜单中选择【转化为选区】命令，将路径轮廓转化为选区，如图6.152所示。在菜单栏选择【选择】|【储存选区】命令，将该选区保存。

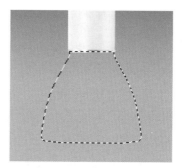

图6.151　绘制瓶身的轮廓　　　　图6.152　将路径轮廓转化为选区

步骤07 使用白色对选区进行描边，然后取消选择；在菜单栏选择【滤镜】|【模糊】|【高斯模糊】命令，拖动调节滑块使白色线条变模糊。效果如图6.153所示。选择【选择】|【载入选区】命令，将刚才储存的选区重新载入，选择【选择】|【反选】命令，在键盘上按下Delete键，将瓶身以外的区域删除，效果如图6.154所示。

图6.153　使用【高斯模糊】处理　　　　图6.154　将瓶身以外的区域删除

步骤08 现在绘制瓶身内的指甲油。单击 🔲 (创建新图层)按钮创建一个新图层；选择【选择】|【载入选区】命令，将刚才储存的选区重新载入，在选区内填充红色，并使用【纹理化】滤镜进行处理，如图6.155所示。

步骤09 在图层面板上将指甲油图层排列到瓶身图层之下，然后使用 ⊹ (移动)工具将图像移动到合适的位置，效果如图6.156所示。

图6.155　绘制瓶身内的指甲油　　　　图6.156　将图像移动到合适的位置

步骤10 单击 ⊡ (创建新图层)按钮创建一个新图层，在工具栏上使用 ✎ (画笔)工具绘制光斑的形状，如图6.157所示。先使用【高斯模糊】滤镜处理，然后在图层面板上设置为【滤色】混合模式，并适当调节该图层的不透明度，形成玻璃材质表面的反光效果，如图6.158所示。

图6.157　绘制光斑的形状　　　　　　图6.158　形成光斑效果

步骤11 在工具栏上使用 T (文字)工具输入英文"KING"，如图6.159所示。提取文字选区后使用 ▢ (渐变色填充)工具填充渐变色，再使用【自由变换】命令将它旋转90度并移动到合适的位置，效果如图6.160所示。

图6.159　输入英文"KING"　　　　　图6.160　旋转并放置到合适的位置

步骤12 将瓶身的几个图层合并；在菜单栏选择【编辑】|【变换】|【变形】命令，在弹出的变形控制框中拖动调节手柄，使图案发生变形，如图6.161所示。变形后的图像效果如图6.162所示。

图6.161　拖动变形调节手柄　　　图6.162　变形后的效果

步骤13 现在绘制瓶底的折光。单击 ▣ (创建新图层)按钮创建一个新图层，在工具栏上使用 ✑ (路径)工具沿瓶底绘制折光的形状，如图6.163所示。将路径转化为选区后填充渐变色，如图6.164所示。

图6.163　绘制折光形状　　　　图6.164　填充渐变色

步骤14 使用【亮度/对比度】命令增加渐变色的反差，然后使用【色彩平衡】命令调节使它近似于背景色，如图6.165所示。

步骤15 单击 ▣ (创建新图层)按钮创建一个新图层，在工具栏上使用 ✐ (画笔)工具绘制光斑的形状，如图6.166所示。先使用【高斯模糊】滤镜处理，然后在图层面板上将该图层设置为【滤色】混合模式。

图6.165　调节折光的颜色　　　图6.166　绘制光斑的形状

步骤16 现在绘制倒影。首先将瓶身以及光斑图层合并，再将该图层复制；在菜单栏选择【编辑】|【变换】|【垂直翻转】命令，形成倒影图层。

步骤17 选择【编辑】|【变换】|【变形】命令，在弹出的变形控制框中拖动调节手柄，使图案发生变形，如图6.167所示。

步骤18 在图层面板上将倒影图层的不透明度降低，形成指甲油瓶的倒影效果。新建一个图层，使用 ✐ (画笔)工具用白色绘制光斑的形状，如图6.168所示。然后使用高斯模糊滤镜使光斑的图案稍模糊。

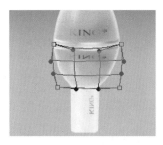　

图6.167　使图像发生变形　　图6.168　使用画笔工具绘制光斑

步骤19→ 显示上一小节绘制的口红图层，使用同样的方法制作口红的倒影，这幅写生作品就完成了，最终效果如图6.169所示。

图6.169　完成后的效果

6.7　易拉罐与高脚杯

茶水博士

"易拉罐外壁的一部分是裸露的铝合金，具有金属光泽；而图案印刷区域的光泽就柔和许多。在下面的练习中，我们使用 ▭ （渐变填充）工具绘制易拉罐的印刷图案，图案上部的瓦楞状的结构是使用多个图层变换形状后得到的；继而使用【球面化】滤镜和【3d变换】滤镜，形成了易拉罐的柱状立体效果。高脚杯的外形由 ✐ （路径）工具勾出，在新的图层里用画笔绘制光斑，再使用【高斯模糊】滤镜、♨ （涂抹）工具和图层的混合模式，形成了晶莹剔透的玻璃质感，如图6.170所示。由此可见，只要开动脑筋，Photoshop的绘画功能是挖掘不尽的。"

图6.170　易拉罐与高脚杯

6.7.1　绘制易拉罐

步骤01　新建一幅图像，使用渐变色填充背景。创建新图层，使用 ▣ (渐变)工具绘制易拉罐图案，如图6.171所示。

步骤02　使用 T. (文字)工具输入文字，文字使用与易拉罐相同的渐变色填充，然后用黑色进行描边，如图6.172所示。

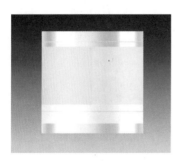

图6.171　绘制易拉罐图案

图6.172　输入文字

步骤03　将易拉罐图层的上部选择后复制两个新的图层，并使用【自由变换】命令将上方的图层水平拉伸和垂直缩小，如图6.173所示。然后将这两个图层合并，再使用【高斯模糊】滤镜处理，效果如图6.174所示。

图6.173　复制并变换大小

图6.174　模糊后的效果

步骤04 使用 ▢ (矩形选框)工具将图像下部选中，设置羽化值为8像素，使用【亮度/对比度】命令降低选区内的亮度，效果如图6.175所示。

步骤05 将图案复制多个，纵向排列整齐后合并图层，这样就形成了瓦楞状图案，如图6.176所示。

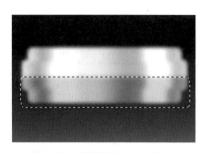

图6.175　降低选区内的亮度

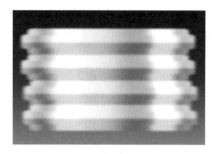

图6.176　形成瓦楞状图案

步骤06 在菜单栏选择【编辑】|【自由变换】命令，将瓦楞图案变换至合适大小，并移动到合适位置，如图6.177所示。

步骤07 使用 ▢ (矩形选框)工具选择瓦楞图案多余的部分，在键盘上按下Delete键将其删除，然后合并图层，如图6.178所示。

图6.177　变换瓦楞图案

图6.178　删除多余的部分

步骤08 在菜单栏选择【编辑】|【自由变换】命令，拖动控制手柄变换图案的长宽比，如图6.179所示。

步骤09 选择【滤镜】|【扭曲】|【球面化】命令，弹出【球面化】对话框，如图6.180所示，设置模式为【水平优先】，单击【确定】按钮。

图6.179　变换整体形状

图6.180　【球面化】对话框

步骤10→ 使用 ▭ (矩形选框)工具选择图案上部区域,选择【编辑】|【变换】|【透视】命令,拖动右上角的控制手柄,将选区内的图案变换为梯形,如图6.181所示。

步骤11→ 选择图案上部区域,同样用【透视】命令将易拉罐下部的图案变换为倒梯形,如图6.182所示。

图6.181　将选区内的图案变换为梯形　　　　图6.182　下部图案变换为倒梯形

步骤12→ 选择易拉罐图案的全部区域,在菜单栏选择【编辑】|【变换】|【变形】命令,在弹出的变形控制框中拖动调节手柄使图案发生变形,如图6.183所示。变形后的图像效果如图6.184所示。

图6.183　调节手柄使图案变形　　　　　　图6.184　变形后的图像效果

步骤13→ 新建一个图层,使用 ◯ (椭圆选框)工具绘制圆形选区,然后使用 ▯ (渐变)工具填充渐变色,如图6.185所示。使用 ✐ (路径)工具绘制罐口,转化为选区后在键盘上按Delete键将其删除,形成顶盖图像,如图6.186所示。

图6.185　在圆形选区内填充渐变色　　　　图6.186　形成顶盖图像

步骤14 选择【编辑】|【自由变换】命令，拖动控制手柄将顶盖图像垂直缩小，再次选择【编辑】|【变换】|【透视】命令变换顶盖形状，如图6.187所示。

步骤15 使用 ✍ (路径)工具沿罐口描绘，然后使用2像素的白色描边，形成顶盖的厚度，如图6.188所示。

图6.187　变换顶盖形状

图6.188　形成顶盖的厚度

步骤16 新建一个图层，使用 ▢ (矩形选框)工具绘制矩形选区，然后填充渐变色，如图6.189所示。使用 ◯ (椭圆选框)工具配合Shift键和Alt键绘制弧形条状选区，删除选区以外的区域，只保留弧形条状图案，如图6.190所示。

图6.189　填充渐变色

图6.190　只保留弧形条状图案

步骤17 将弧形条状图案图层复制；在菜单栏选择【编辑】|【变换】|【旋转180度】命令，形成环状图案，如图6.191所示。

步骤18 将两个弧形条状图案图层链接；在菜单栏选择【编辑】|【自由变换】命令，拖动控制手柄，将它放置到易拉罐上部；再断开图层的链接，选择【编辑】|【变换】|【透视】命令单独调节图像的形状，如图6.192所示。

图6.191　形成环状图案

图6.192　调节图像的形状

步骤19▶ 现在绘制折边处的圆角效果。沿折边建立椭圆形选区，在菜单栏选择【选择】|【修改】|【扩边】命令，设置数值为3像素，单击【确定】按钮，就会产生一个宽度为3像素的环形选区，如图6.193所示。

步骤20▶ 在工具栏选择 ▢ (渐变填充)工具，在选区内由右向左拖动鼠标填充渐变色，即形成折边处的圆角效果，如图6.194所示。

图6.193　建立环形选区　　　　　　　图6.194　形成折边处的圆角效果

步骤21▶ 将易拉罐的所有图层链接后执行【合并链接图层】；使用上一节制作指甲油瓶倒影的方法为易拉罐制作倒影，效果如图6.195所示。

图6.195　完成的易拉罐效果图

6.7.2　绘制高脚杯

步骤01▶ 在图层面板上单击 ▢ (创建新图层)按钮创建一个新图层；使用 ✐ (路径)工具绘制高脚杯的轮廓，如图6.196所示。然后在视图中单击右键，在弹出的快捷菜单中选择【描边】命令，使用白色为路径描边后，效果如图6.197所示。

图6.196　绘制高脚杯的轮廓

图6.197　使用白色为路径描边

步骤02▶ 单击 ▣ (创建新图层)按钮创建一个新图层；使用 ✎ (画笔)工具绘制高脚杯的光斑，如图6.198所示。再次击 ▣ (创建新图层)按钮创建一个新图层，使用黑色绘制高脚杯的暗部，如图6.199所示。

图6.198　绘制高脚杯的光斑

图6.199　绘制高脚杯的暗部

步骤03▶ 单击 ▣ (创建新图层)按钮创建一个新图层；选择 ✎ (画笔)工具使用淡蓝色绘制高脚杯较弱的光斑，如图6.200所示。在工具栏选择 ▱ (橡皮)工具，使用较小的压力值对高脚杯的轮廓图层进行擦拭，使其变为半透明状态，如图6.201所示。

图6.200　绘制高脚杯较弱的光斑

图6.201　轮廓图层变为半透明

步骤04▶ 现在绘制高脚杯内部的果汁。新建一个图层，使用 ◯ (椭圆选框)工具绘制圆形选区并填充橙色，如图6.202所示。使用 ▭ (矩形选框)工具框选图案上部区域，按Delete键将其删除；再使用 ◯ (椭圆选框)工具绘制椭圆，如图6.203所示，然后填充较淡的橙色。

图6.202　绘制圆形选区并填充橙色　　　　图6.203　绘制椭圆形选区

步骤05　在工具栏选择 🔍(加深)工具在果汁图像的暗部拖动鼠标，使这一部分颜色变暗，如图6.204所示。将高脚杯的所有图层显示出来，并将果汁图层排列在最下层，效果如图6.205所示。

图6.204　使用加深工具处理　　　　图6.205　将果汁图层排列在最下层

步骤06　在工具栏上选择 👆(涂抹)工具对高脚杯的各个图层进行涂抹，使较弱的光斑图层更加均匀，如图6.206所示。如果我们不希望边界被涂抹而变得模糊，可以先沿边界绘制选区，然后再使用涂抹工具，如图6.207所示。

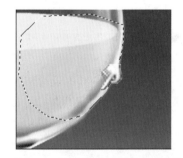

图6.206　使光斑图案更加均匀　　　　图6.207　先绘制选区再使用涂抹工具

步骤07　如果要补充某一区域的光斑，可以在新图层中用白色绘制光斑的形状，如图6.208所示。然后沿高脚杯的轮廓建立选区，使用【高斯模糊】滤镜进行处理使光斑均匀，如图6.209所示。要减弱光斑的强度，可以通过调整图层的不透明度来实现。

图6.208　绘制光斑的形状

图6.209　使光斑均匀

步骤08 对于高脚杯底部的强烈光斑，要先按照光斑的形状填充白色，再将该区域做【海洋波纹】滤镜处理，如图6.210所示。仔细调整高脚杯各图层的不透明度，然后合并图层，如图6.211所示。

图6.210　按照光斑的形状填充白色

图6.211　调整各图层的不透明度

步骤09 现在绘制吸管的弯头。在图层面板上单击 □ (创建新图层)按钮新建一个图层，使用 □ (矩形选框)工具框选一个矩形区域，在工具栏上使用 □ (渐变填充)工具填充渐变色，如图6.212所示。

步骤10 使用 □ (矩形选框)工具框选图案上部区域，在菜单栏选择【编辑】|【变换】|【透视】命令将它变换为梯形；再框选图案下部区，使用【亮度/对比度】命令降低选区内图像的亮度，然后变换为倒梯形，如图6.213所示。

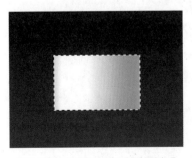

图6.212　在矩形区域内填充渐变色

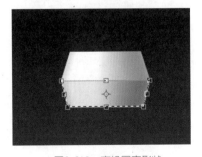

图6.213　变换图案形状

步骤11 在键盘上按住Alt键不放，使用 ▶ (移动)工具拖动图像即会将图层复制。在菜单栏选择【编辑】|【变换】|【扭曲】命令，拖动控制手柄变换图像的形状，如图6.214所示。继续将图层复制多个，调整各图层的位置后形成吸管的弯头，如图6.215所示，然后将弯头的所有图层合并。

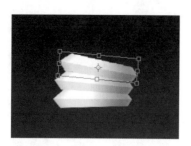
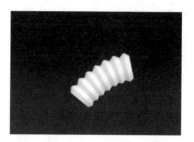

图6.214　复制图层并变换形状　　　　　图6.215　形成吸管的弯头

步骤12 分别选择吸管弯头的两端区域，使用【自由变换】命令将其拉长，吸管即绘制完毕，如图6.216所示。

步骤13 显示高脚杯图层；将伸入液体内部的区域选中，使用【液化】滤镜修改选择区域内的吸管形状，形成折射效果；然后使用 🖌 (橡皮)工具对图像进行擦拭，使选区内的图像变为半透明状态，如图6.217所示。

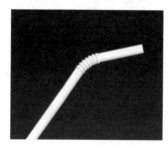

图6.216　完成后的吸管　　　　　　　图6.217　放置在酒杯中的效果

步骤14 绘制倒影的方法不再赘述。显示上一节所绘制的易拉罐图层，一幅《第六季沙棘汽水》效果图就绘制完毕了，如图6.218所示。

图6.218　完成的效果图

6.8　绘制金钱豹

　　"绘图的第一步是打底稿。为了便于初学者学习，我们先使用简单的几何图形拼出头部的大致形状，在绘制过程中再逐渐修整成准确的形状；绘制细软的毛发是个难点，需要先绘制单根毛发，将它定义成笔刷后使用画笔工具来绘制；耳朵里和嘴边较硬的毛发与细软毛发的绘制方法有所不同，是将单根毛发多次复制并变换形状，使其形成一簇毛发，再将这簇毛发多次复制而成；在绘制豹的五官时，需要多次使用加深工具和减淡工具来形成它的明暗面。完成后的金钱豹如图6.219所示。"

图6.219　手绘金钱豹

6.8.1　绘制豹头底稿

　　步骤01 新建一幅图像，填充为灰色背景；在菜单栏选择【视图】|【新参考线】命令，在视图中绘制参考网格。创建一个新图层，使用 🖊 (路径)工具绘制豹的底稿，然后做黑色描边，如图6.220、图6.221所示。

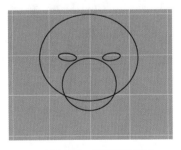

图6.220　绘制几何图形

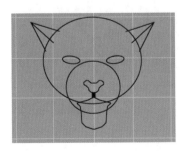

图6.221　形成线条底稿

步骤02▸ 选择 🪄 (魔术棒)工具在视图中图案以外的区域单击，将图案以外的区域选中；选择【选择】|【反选】命令，这样即可选中视图中的图案区域；创建一个新图层，在选区内填充土黄色，然后将该图层排列到豹的线条图层之下，如图6.222所示。

步骤03▸ 在工具栏选择 ▱ (橡皮)工具擦去多余的线条，如图6.223所示。

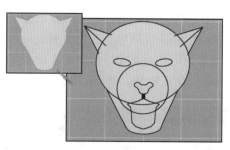

图6.222　在新图层的选区内填充土黄色

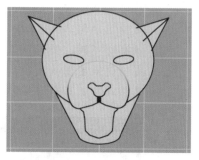

图6.223　擦去多余的线条

步骤04▸ 现在要逐步细画底稿。在工具栏上选择 ✎ (路径)工具描绘眼的形状，然后填充黑色，如图6.224所示。用同样的方法绘制另一只眼睛，如图6.225所示。

图6.224　描绘眼的形状

图6.225　绘制另一只眼睛

步骤05▸ 使用 ✎ (路径)工具描绘鼻部的形状，填充黑色；如图6.226所示。然后在鼻的上部绘制两条皱纹，如图6.227所示。

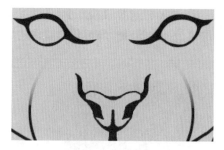

图6.226　描绘鼻部的形状

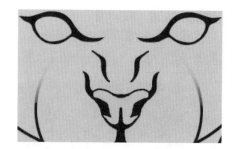

图6.227　绘制鼻上的两条皱纹

步骤06▸ 使用 ✎ (路径)工具重新描绘口部的形状，然后填充黑色，如图6.228所示。

步骤07 在图层面板上单击 ▢ (创建新图层)按钮建立一个新图层，使用 ✐ (路径)工具绘制牙齿的形状，然后做黄色填充及黑色描边，如图6.229所示。

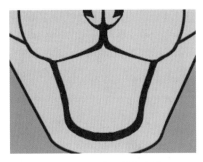

图6.228　描绘口部的形状

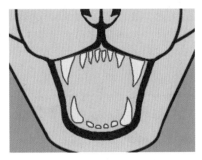

图6.229　绘制牙齿的形状

步骤08 在工具栏使用 ◢ (橡皮)工具擦去耳部的多余线条，使用 ✐ (路径)工具重新描绘耳部的曲线，然后填充黑色，如图6.230所示。用同样的方法绘制另一只耳朵，如图6.231所示。

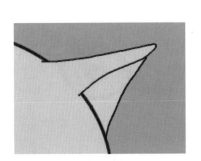

图6.230　擦去耳部的多余线条

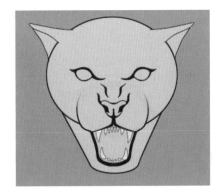

图6.231　绘制另一只耳朵

步骤09 激活底色图层，选择下颌区域，使用【亮度/对比度】命令提高亮度并降低对比度；再选择口腔区域，填充红色，如图6.232所示。

步骤10 使用 🔍 (减淡)工具在底色图层拖动鼠标形成明面；使用 🖐 (加深)工具在底色图层拖动鼠标形成暗面，如图6.233所示。

图6.232　将口腔区域填充红色

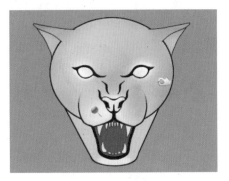

图6.233　形成明暗面

6.8.2 绘制豹的五官

步骤01 现在绘制眼球。创建一个新图层，使用 ⬭ (椭圆选框)工具绘制圆形选区并填充为黄绿色，如图6.234所示。选择【滤镜】|【像素化】|【点状化】命令，使图像产生细密的斑点，再使用【径向模糊】滤镜使斑点向外发散，如图6.235所示。

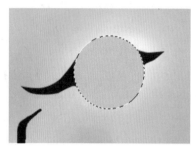
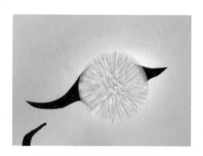

图6.234　绘制圆形并填充黄绿色　　　　图6.235　使斑点向外发散

步骤02 在图层面板上将该图层排列到黑色线条图层之下，效果如图6.236所示。使用 ✎ (画笔)工具绘制深红色作为瞳孔，如图6.237所示。

图6.236　重新排列图层　　　　　　图6.237　绘制深红色瞳孔

步骤03 创建新图层，使用 ✎ (画笔)工具绘制眼睑的黑色阴影，将该图层排列在眼球图层与黑色线条图层之间，这样眼睛就有了层次感。如图6.238所示。

步骤04 在工具栏选取使用 ✎ (画笔)工具，在瞳孔的边缘绘制白色的光斑，眼睛立即变得炯炯有神了，如图6.239所示。

图6.238　绘制眼睑的黑色阴影　　　　图6.239　绘制白色光斑

步骤05 在底色图层选择鼻部的区域填充红色；使用 🔍 (减淡)工具形成明面，再使用 🖑 (加深)工具形成暗面。然后依次执行【塑料包装】和【添加杂色】滤镜增加该处的质感，如图6.240所示。

图6.240　刻画鼻部的过程

步骤06 使用 🔺 (多边形套索)工具选择耳背区域；在工具栏选择 🖑 (加深)工具在选区内涂抹形成皮毛较深的颜色，对于加深后饱和度过大的区域可以使用 🧽 (海绵)工具修正，如图6.241所示。

步骤07 选择耳内区域；使用 🖑 (加深)工具形成较深的颜色。再使用 🖐 (涂抹)工具设置为点簇状笔刷进行涂抹，大致表现出毛生长的方向，如图6.242所示。

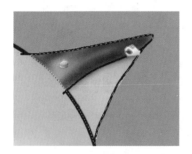
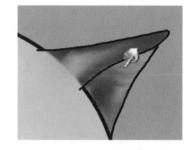

图6.241　修正耳背的色调　　　　图6.242　涂抹出毛生长的方向

步骤08 现在绘制牙齿。在新图层中绘制牙齿的选区，填充为淡灰色，如图6.243所示。在工具栏选择 🖑 (加深)工具形成牙齿的暗面，如图6.244所示。

图6.243　绘制牙齿图案　　　　图6.244　形成牙齿的暗面

步骤09 在菜单栏选择【调整】|【调整】|【色彩平衡】命令，拖动调节滑块增加红色和黄色，然后使用 🖐 (涂抹)工具沿着牙齿的生长方向涂抹，形成牙齿的纹理与光

泽，如图6.245所示。使用同样的方法绘制多个牙齿排列在口腔内，并建立新图层，绘制嘴唇投下的阴影效果，如图6.246所示。

图6.245　形成光滑的效果

图6.246　绘制多个牙齿

步骤10 使用 工具圈选舌部的高光区域并设置10像素的羽化值，使用【亮度/对比度】命令增加选区内的亮度，用同样的方法降低舌头暗部区域的亮度，如图6.247所示。再使用 工具和 工具对高光部和暗部进行更细致的修整，如图6.248所示。

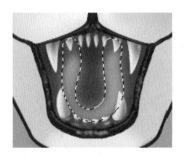

图6.247　形成舌的明暗面

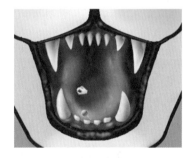

图6.248　细致地修整高光部和暗部

6.8.3　绘制豹的毛发

步骤01 在绘制毛发之前，要先柔化一部分黑色线条。激活黑色线条图层，使用 工具圈选额、耳、腮等部位的黑色线条，在菜单栏选择【滤镜】|【模糊】|【高斯模糊】命令，模糊半径设置为40像素，效果如图6.249所示。

图6.249　使用【高斯模糊】滤镜柔化一部分黑色线条

步骤02▶ 现在使用滤镜制作短毛效果。在菜单栏选择【滤镜】|【杂色】|【添加杂色】命令，弹出【添加杂色】对话框，如图6.250所示。选中【平均分布】单选按钮，设置数量为20%，单击【确定】按钮，效果如图6.251所示。

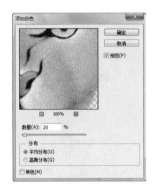
图6.250　【添加杂色】滤镜对话框

图6.251　短毛效果

步骤03▶ 新建一幅图像，使用　(路径)工具绘制弯曲的路径曲线，单击右键，在弹出的快捷菜单中选择【描边】命令，勾选【模拟压力】复选框，使用黑色描边后形成一根中间粗两端细的毛发，如图6.252所示。在菜单栏选择【编辑】|【定义笔刷】命令，将该毛发定义为笔刷。

步骤04▶ 回到在豹的图像中，在工具栏上选择　(画笔)工具，笔刷设置为刚才定义的毛发；在【笔刷】面板上设置【动态画笔】和【扩散】参数，如图6.253所示。

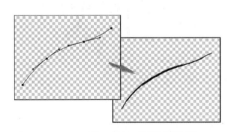
图6.252　绘制单根毛发

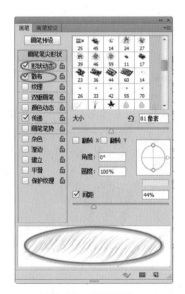
图6.253　设置笔刷

步骤05▶ 创建新图层，使用较豹子颜色稍浅的淡黄色进行绘制。由于不同的部位毛发的生长方向是不相同的，这时可以创建新图层进行绘制，然后使用【自由变换】命令将毛发变换成不同的形状。

步骤06 对于嘴边较硬的毛发，可先绘制单根毛发，将毛发多次复制后并变换形状，使其形成一簇毛发，再将这簇毛发多次复制，效果如图6.254所示。用相同的方法在耳朵内绘制毛发，如图6.255所示。

图6.254 将毛发多次复制　　　　　　　　　图6.255 绘制耳内的毛发

6.8.4 绘制斑点

步骤01 要绘制豹的斑点，就要先建立斑点的选区，然后降低选区内图像的亮度。这样绘制的斑点不但可以方便地体现颜色的深浅，并且在斑点内部还能隐约看清毛发。将豹的所有图层进行合并；单击 🔲 (创建新图层)按钮创建一个新图层，使用 🖌 (画笔)工具用黑色绘制斑点的形状，如图6.256所示。

步骤02 在键盘上按下Ctrl键不放，用鼠标在图层面板单击斑点的图层栏，这样即可提取斑点的选区，然后删除斑点图层，只保留斑点的选区，如图6.257所示。

图6.256 绘制斑点的形状　　　　　　　　　图6.257 提取斑点的选区

步骤03 在菜单栏选择【选择】|【羽化】命令，设置羽化半径为4像素；打开【亮度/对比度】对话框，向左拖动亮度调节滑块，如图6.258所示。此时选区内的图像被降低亮度后形成斑点，效果如图6.259所示。

图6.258　【亮度/对比度】对话框　　　图6.259　形成豹的斑点

6.8.5　绘制豹的胡须

步骤01 创建一个新图层，使用 ✐(路径)工具绘制弯曲的路径曲线，单击右键，在弹出的快捷菜单中选择【描边】命令，勾选【模拟压力】复选框，使用白色描边后，形成一根中间粗两端细的胡须，如图6.260所示。

步骤02 将该胡须多次复制，使用【自由变换】命令变换成不同的角度和方向，如图6.261所示。

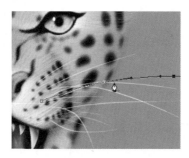

图6.260　绘制路径曲线并描边　　　图6.261　将胡须多次复制

步骤03 创建新图层，使用 ✐(路径)工具绘制豹子身体的轮廓，然后再填充土黄色，如图6.262所示。

步骤04 使用 ⊙(加深)工具和 ✎(减淡)工具修整皮毛的颜色，再用 ⊙(海绵)工具修正皮毛的饱和度，如图6.263所示。

图6.262　绘制豹身轮廓并填充土黄色　　　图6.263　修整皮毛的颜色

步骤05 用绘制头部斑点的方法绘制身体上的斑点。完成后的金钱豹如图6.264所示。

图6.264 完成的金钱豹

6.8.6 现场问与答

怎样使绘制的眼睛显得明亮？

"在绘制动物或人物的眼睛时，怎样绘制才能使眼睛显得明亮？"

"无论是绘制动物的眼睛还是人物的眼睛，都不要忘了绘制眼球所反射的亮斑，一般用半透明的白色绘制即可，这样可以表现出眼球的光泽；另外，眼睛的上眼睑会在眼球上留下阴影，绘制这个阴影可以表现眼睛的层次，可以使用半透明的黑色绘制。只有注意了以上两点，才有可能绘制出明亮而富有层次的眼睛，如图6.265所示。"

图6.265 绘制眼球的亮斑和眼睑的阴影

6.9　人物彩绘(一)

"本节我们使用Poser生成人物的底稿,然后在Photoshop中进行细加工,在电脑上创作一幅人物彩绘,如图6.266所示。"

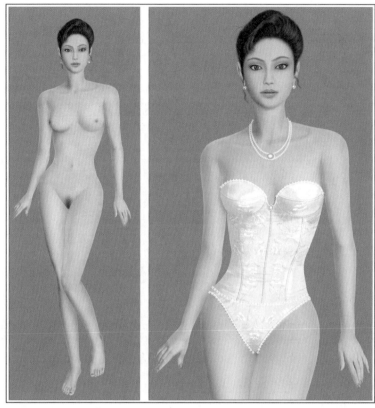

图6.266　人物彩绘

6.9.1　绘制人物底稿

有多种方法可以获得用于在电脑中进行细致加工的人物底稿。下面介绍几种经常被人们采用的方法。

(1) 对于习惯于传统绘画的人士,可先用铅笔在纸上绘制线条底稿,用扫描仪或数码相机输入电脑后,使用Photoshop进一步加工。操作步骤一般是先将各部位分层填充灰色,使用加深工具和减淡工具形成图像的明暗面,再使用色彩调节工具上色,最后刻画细节。

(2) 压感手绘板的发明对于习惯用笔绘图的人来说是一个喜讯,它在Photoshop、FreeHand、Illustrator、Painter等众多绘图软件中都能使用。它可以随意改变笔刷的粗细、颜色,最重要的是它能根据画笔对画板的压力绘出浓淡不同的线条,使用它就像在纸上画图一样,可以尽情地绘制曲线。该产品在国内市场逐渐普及,售价在600元左右。

（3）另一个更为快捷、准确的方法是用Poser摆出人物的姿态，它所输出的图像可以成为我们再创作的底稿。Poser是一个提供人物模型和设置动画的软件，操作简单。即使是从来没有使用过Poser的初学者，也能在几个小时内摆出人物的造型。尽管它直接输出的图像并不精致，然而经过Photoshop修改后的效果却常常令人惊叹。本节人物彩绘的底稿就是用Poser完成的。下面简要介绍Poser的操作方法，读者看罢即能摆出心目中理想的人物造型。

步骤01 Poser启动后的界面如图6.267所示。首先要在动作与形状库中选择适当的人物与姿态，遇到符合创作意图的模型双击它即可替换视图中的人物。

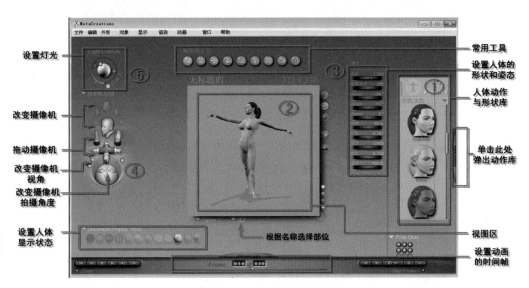

图6.267　Poser的操作界面

步骤02 在视图中单击身体的某一部位即可将该部位选择，拖动鼠标就可以很大程度地变换它的动作。

步骤03 用鼠标拖动刻度盘可以精细地调整各部位的大小、形状、角度。

步骤04 拖动摄像机轨迹球及其周围的圆形按钮，可以改变摄像机的远近、视角，这同时也在改变取景角度。

步骤05 Poser允许自主设置灯光。用鼠标拖动示意灯光的圆形按钮即可改变灯光的照射角度，而周围的一些按钮可以设置灯光的亮度、颜色。

步骤06 当视图中的模型符合你的创作意图后，即可渲染输出图像了。需要进行细加工的图像必须渲染尺寸较大图像。在菜单栏选择【渲染】|【渲染选项】命令，弹出【渲染选项】对话框，如图6.268所示。选中【新建窗口】单选按钮，将宽度和高度分别设置为4031和4000像素，这是Poser允许的最大尺寸。然后单击【现在渲染】按钮，稍候即可渲染完毕，将图像存盘即可。

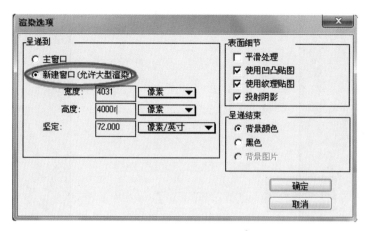

图6.268 【渲染选项】对话框

步骤07→ 按照上面的操作，短短十几分钟，就可以得到几种姿态不同的人物图像，它们可以作为在Photshop中仔细刻画的底稿，如图6.269所示。这时你一定会惊喜不已，并且对Poser爱不释手了。

图6.269 Poser输出的姿态不同的人物图像

> 说明：除了Poser以外，3ds Max、Maya都可以建造人物的模型并输出人物图像，但要获得完美的人物图像，通常还要在Photoshop中进行处理。下面读者可使用光盘中提供的素材学习在Photoshop中进行后期处理的方法。

步骤08→ 启动Photoshop，打开配套光盘中的606.jpg图像文件。这是由Poser直接输出的图像。如果对它的色调并不满意，可以使用【曲线】、【色彩平衡】、【亮度/对比度】命令进行调节，如图6.270所示。

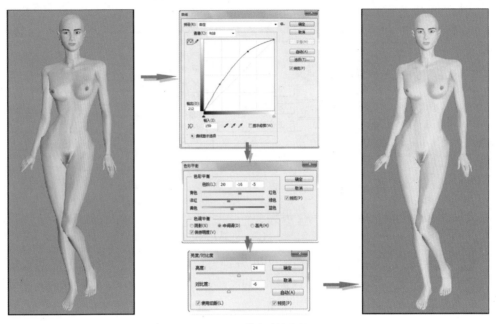

图6.270　调整底稿的色彩

6.9.2　修整底稿粗糙的地方

步骤01→ 观察Poser直接输出的图像，发现在身体轮廓及某些关节部位存在缺陷，如图6.271所示。这时可以使用 ⟁ (路径)工具描绘出理想的身体轮廓，将路径转换为选区后使用 ⟁ (涂抹)工具进行修整，由于有选区的约束，轮廓曲线并不会因为涂抹而变得模糊。

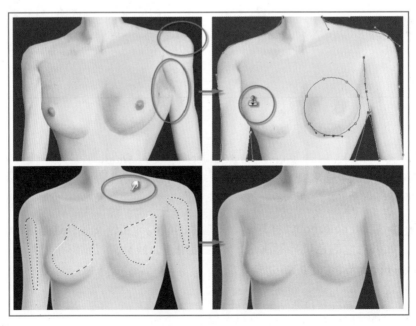

图6.271　对身体进行精细加工

步骤02 如果对乳房、乳头等细节不满意，可以索性将其涂掉，在后面的步骤中将对它进行重画。在工具栏选择 ⚓ (仿制图章)工具蘸取身体的颜色，印制在乳头部位，这样即可将乳头涂掉。圈选乳房区域，使用 🖐 (涂抹)工具修改乳房的形状，再使用 🔍 (减淡)工具形成亮区；对于锁骨部位也用同样的方法修整。

步骤03 多次使用 🖐 (涂抹)工具后身体的颜色可能会表现得深浅不一，这时可以使用 🔽 (多边形套索)工具圈选该区域并设置较大的羽化值，使用【高斯模糊】滤镜进行处理，这样一来，皮肤就变得平整光滑了。

步骤04 这一步的操作使皮肤更具光滑感。将身体区域全部选中，在菜单栏选择【选择】|【修改】|【缩小选区】命令，设置缩小半径为15像素；再次选择【选择】|【修改】|【扩边】命令，设置扩边为5像素，这样接近身体边缘的区域即被选中。创建一个新图层，在选区内填充较浅的肤色，然后取消选择，使用【高斯模糊】滤镜进行柔化，对于效果过于强烈的区域可以使用 🖋 (橡皮)工具进行擦拭。经过这样处理，观察到皮肤的质感更为光滑了，如图6.272所示。

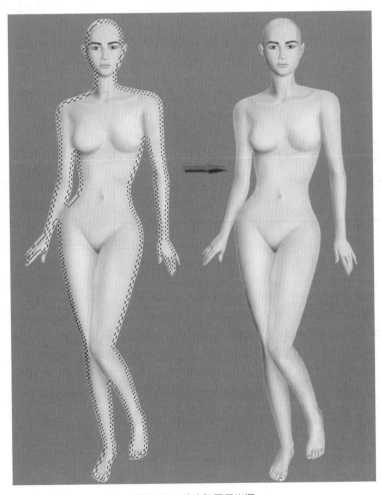

图6.272　使皮肤更具光泽

6.9.3 绘制乳头

步骤01▶ 在图层面板上单击 ▢ (创建新图层)按钮创建一个图层；使用 ○ (椭圆选框)工具绘制圆形选区，再使用 ◇ (油漆桶)工具填充较深的肤色，这就是我们初步绘制的乳晕。再次创建新图层，用暗红色绘制乳头，并做黑色描边。

步骤02▶ 使用 ◈ (减淡)工具和 ◈ (加深)工具分别在乳晕图层和乳头图层上涂抹，形成它们的明暗面。然后使用 ◈ (涂抹)工具修整乳头图层的边界。

步骤03▶ 对乳晕图层使用【高斯模糊】滤镜，这样它的边界就逐渐透明了。

步骤04▶ 使用 ◈ (画笔)工具用肤色绘制蕾状凸起。最后与人物图层合并，这样就完成了乳头的绘制。绘制过程如图6.273所示。

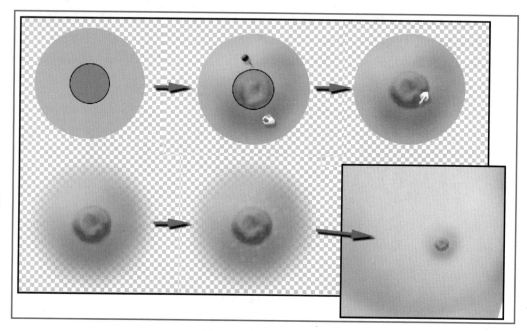

图6.273 乳头的绘制过程

6.9.4 细画头部图像

步骤01▶ 虽然使用Poser可以输出多种头形，但也常常不是我们心目中的形状。可以使用 ◈ (涂抹)工具、【高斯模糊】滤镜像修改身体那样形成理想的形状和平整光滑的皮肤效果。

步骤02▶ 眉毛、眼睛的形状常常令我们不满意，渲染效果也粗糙一些，可以索性擦掉重画。使用 ◈ (图章)工具蘸取肤色将眉毛、眼睛区域覆盖，再使用 ◈ (涂抹)工具修整形状。在新的图层中使用 ◈ (路径)工具绘制眼睛的形状，将它填充颜色较深的肤色，如图6.274所示。然后与头部图像图层合并。

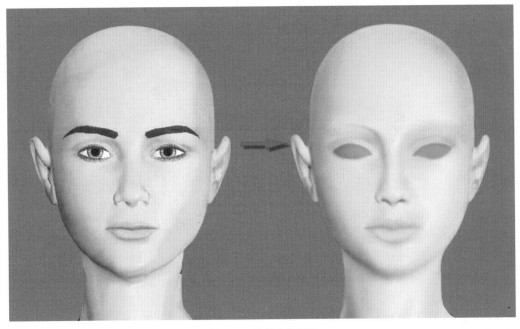

图6.274　修整头部图像

步骤03 现在绘制双眼皮效果。使用 ✐ (路径)工具沿眼睛外周绘制路径曲线，将它转换为选区后进行【扩边】，这样就在眼睛的外周区域形成一圈选区，使用 ◐ (加深)工具在上眼皮处拖动鼠标，取消选区后形成双眼皮效果，如图6.275所示。

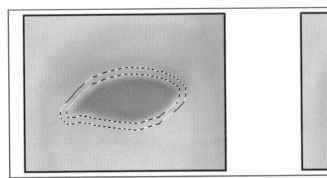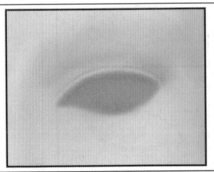

图6.275　绘制双眼皮

6.9.5　绘制眉毛与睫毛

步骤01 在图层面板上单击 ⬜ (创建新图层)按钮创建一个新图层；使用 ✐ (路径)工具绘制眉毛的形状，然后填充为黑色。

步骤02 在工具栏上选择 ✍ (涂抹)工具并将其设置为点簇笔刷，压力值设置为80%，在眉毛区域进行涂抹，如图6.276所示。

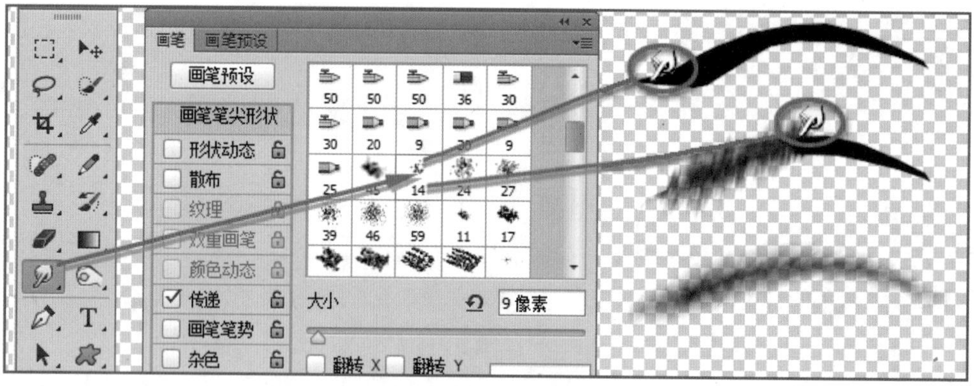

图6.276　使用涂抹工具绘制眉毛

步骤03 依旧使用 (涂抹)工具，设置较小的笔刷直径，沿着眉毛的生长方向进行涂抹，形成理想的眉毛形状。

步骤04 使用 (路径)工具绘制眼圈的形状，然后在路径区域内填充棕色。

步骤05 在新的图层中绘制一根睫毛的形状，在键盘上按下Alt键不放，使用 (移动)工具绘制拖动睫毛，这样即可将睫毛复制多根并移动到合适的位置。

步骤06 使用【自由变换】命令将睫毛变换为不同形状，再次复制多根，使眼圈周围布满细密的睫毛，如图6.277所示。

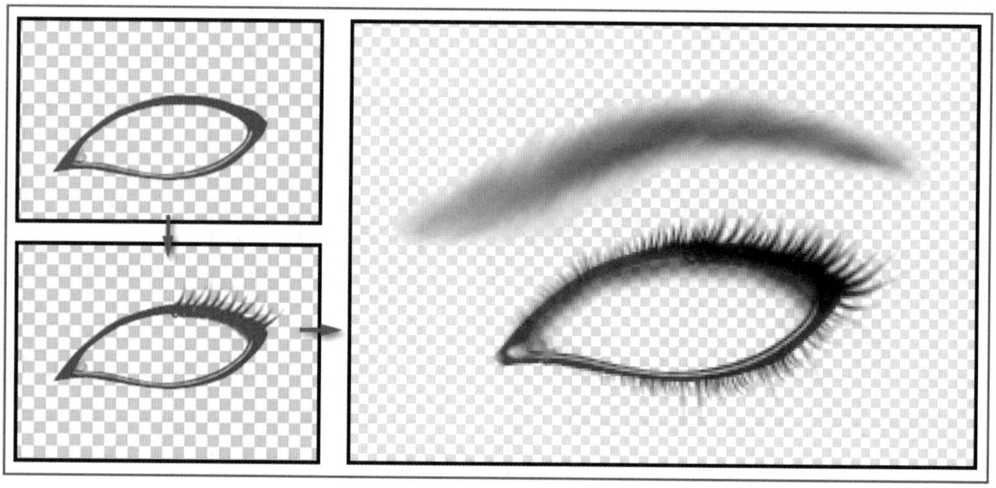

图6.277　睫毛的绘制过程

6.9.6　绘制眼球

步骤01 在新图层中使用 (椭圆选框)工具绘制圆形选区，填充棕色后再使用灰色描边。用同样的方法绘制眼球的光斑。

步骤02 在菜单栏选择【滤镜】|【杂色】|【添加杂色】命令，选中【平均分布】单选按钮，单击【确定】按钮，为眼球添加致密的杂点。

步骤03 在菜单栏选择【滤镜】|【模糊】|【径向模糊】命令，选中【缩放】单选

按钮，设置适当的模糊半径，使眼球的杂点向外围发散。

步骤04 使用选择工具分别圈选眼球的亮区和暗区，使用【亮度/对比度】命令进行调节。最后使用画笔工具加强光斑效果，如图6.278所示。

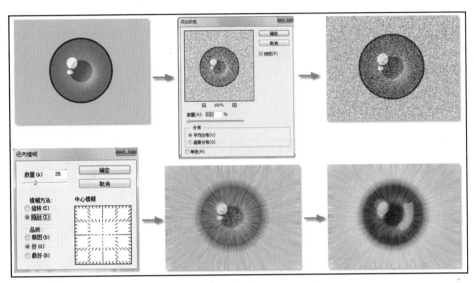

图6.278　眼球的绘制过程

6.9.7　绘制银色眼线

步骤01 使用 ✎ (路径)工具绘制眼线的形状，然后将路径转化为选区。

步骤02 在工具栏上选择 ▧ (渐变)工具，设置为【径向】渐变类型，在选区内填充渐变色，使用【亮度/对比度】命令调节后，形成银色的眼线，如图6.279所示。

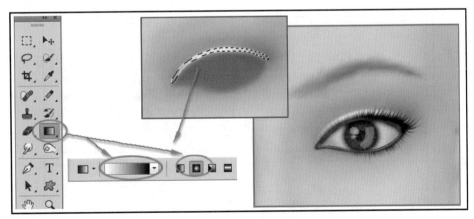

图6.279　银色眼线的绘制方法

步骤03 将银色眼线图层排列到睫毛图层之下。

6.9.8　绘制口唇

步骤01 首先用 ✎ (路径)工具绘制口唇的轮廓，然后在路径区域内填充红色。

步骤02 选择 (加深)工具在口唇图像上拖动，形成口唇暗部的色调，使用 （减淡)工具在口唇图像上拖动，形成口唇亮部的色调。

步骤03 在菜单栏选择【滤镜】|【杂色】|【添加杂色】命令，选中【平均分布】单选按钮，单击【确定】按钮，为口唇添加杂色。

步骤04 使用 (矩形选框)工具圈选上嘴唇区域，使用【径向模糊】滤镜使杂点向外发散，形成口唇的纹理；再用同样的方法处理下嘴唇。

步骤05 再次使用 (减淡)工具形成口唇的亮斑，并用 (加深)工具使嘴角部位颜色加深。然后使用 (涂抹)工具沿着口唇的纹理拖动，使光斑效果更加自然。绘制过程如图6.280所示。

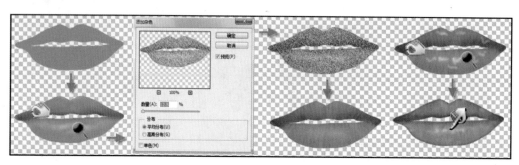

图6.280 唇的绘制过程

步骤07 将头部图层显示出来，使用【自由变换】命令将口唇图层变换至适当大小。

步骤08 激活头部图像图层，在工具栏上单击 (快速蒙版)按钮，使用 (画笔)工具绘制嘴边的阴影，然后单击 (转换选区)按钮，画笔所描绘的区域即被转换为选区；使用【亮度/对比度】命令降低选区内的亮度，形成嘴边的阴影。绘制过程如图6.281所示。

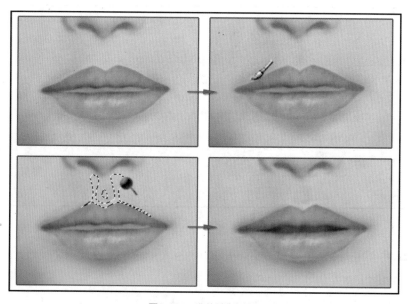

图6.281 嘴的绘制过程

步骤09→ 使用 ✐ (路径)工具绘制口唇上方的亮部区域，在将路径图形转化为选区时设置3像素的羽化值；在工具栏中选择 ✎ (减淡)工具，在选区内拖动，形成亮区。这样口唇便绘制完毕。

6.9.9　绘制头发

步骤01→ 建立新图层；使用 ✐ (路径)工具绘制头发的轮廓，然后填充暗紫色。

步骤02→ 依旧使用 ✐ (路径)工具大致绘出头发的走向，然后建立新图层，使用较淡的紫色对路径描边。

步骤03→ 将头发图层合并，使用 ✎ (加深)工具形成头发的暗部，再使用 ✎ (减淡)工具形成头发的亮部，头发具有了层次。

步骤04→ 在工具栏选择 ✐ (涂抹)工具，将其设置为点簇状笔刷，压力值设置为90%，沿着头发的纹理进行涂抹，使头发显得滑顺。绘制过程如图6.282所示。

图6.282　头发的初步绘制

步骤05→ 建立新图层；使用 ✐ (路径)工具描绘发丝。这其实并不是一项巨大的工程，我们只需要沿着头发的走向绘制第一根发丝，然后按下Alt键，使用 ▷ (直接选择)工具移动该路径，即可将其复制，调节节点形成新的形状。这样，只需十几分钟，即可绘制完毕。

步骤06→ 在图层面板上单击 ◰ (创建新图层)按钮创建一个新图层；使用较淡的头发颜色为路径描边。

步骤**07** 使用 (加深)工具在发丝图层拖动鼠标，形成发丝的暗部，再使用 (减淡)工具在发丝图层拖动鼠标，形成头发的高光区域。此时头发的效果愈加逼真了。绘制过程如图6.283所示。

图6.283 使用路径工具描绘发丝并形成明暗层次

步骤**08** 现在要绘制几根散乱的头发。创建一个新图层；使用 (路径)工具绘制头发的曲线。在为路径【描边】时，勾选【有模压效果】，这样即可绘制出中间粗、两端细的散乱发丝。

步骤**09** 用同样的方法分别在两耳前各绘制一缕卷曲的头发，然后将各图层合并，头发即绘制完毕。绘制过程如图6.284所示。

图6.284　绘制散乱的发丝

6.9.10　绘制项链

步骤01　新建一幅图像，创建一个新图层并删除背景图层；使用 ⬭ (椭圆选框)工具绘制圆形选区。

步骤02　在工具栏选择 ▣ (渐变)工具，设置为由灰到黑再到灰的渐变色，使用【径向渐变】模式在选区内填充，得到一个球体图像。

步骤03　在菜单栏选择【图像】|【调整】|【亮度/对比度】命令，提高图像的亮度，使其变为一个乳白色球体图像。绘制过程如图6.285所示。

图6.285　珠状体的绘制过程

步骤04　在菜单栏选择【编辑】|【定义笔刷】命令，将该图像保存到笔刷库中。

步骤05　在工具栏选择 ✎ (画笔)工具，将其笔刷设置为刚才定义的乳白色球体，并在笔刷面板上设置适当的间距。

步骤06　创建一个新图层，使用 ✐ (路径)工具绘制项链穿过的路径曲线；单击右键，在弹出的快捷菜单中选择【描边】命令，描边的工具设置为 ✎ (画笔)工具。这样瞬间即可绘制出排列整齐的项链。绘制过程如图6.286所示。

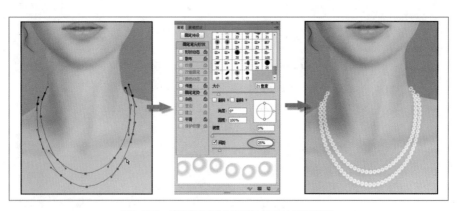

图6.286 使用为路径曲线描边的方法绘制项链

6.9.11 绘制内衣

步骤01▶ 创建新图层，使用 ✐ (路径)工具描绘内衣的形状，然后在路径区域内填充淡灰色。

步骤02▶ 我们将使用身体图层各区域的亮度来形成内衣的亮部与暗部。隐藏内衣图层；在通道面板激活反差较大的蓝色通道图层，单击该面板下部的 ◉ (转化为选区)按钮，这样就将通道中的灰度图像转化为选区。颜色越浅的区域选择的程度越大。

步骤03▶ 现在分别调节内衣图层中选区内和选区外的不同亮度。在菜单栏选择【图像】|【调节】|【亮度/对比度】命令，拖动滑块，使选区内亮度增加；然后选择【选择】|【反选】命令，再次使用【亮度/对比度】命令降低选区的亮度。这样内衣图像就形成了明暗面。绘制过程如图6.287所示。

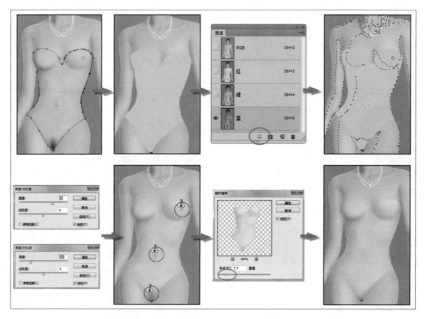

图6.287 绘制内衣的形状并形成明暗面

步骤04 使用 🖌 (仿制图章)工具对反差较大的乳头、肚脐等部位进行修整，然后使用【高斯模糊】滤镜对整个图层进行模糊。由于模糊后的图像边缘会变成半透明状态，这并不是我们所希望的。解决的方法是将该图层复制，再将复制图层进行合并，这样就可以降低图像边缘的透明度。

步骤05 现在调整内衣图像的色调。先将内衣图层复制，对新复制的图层使用【亮度/对比度】命令提高亮度，为了避免丢失明暗层次，同时要降低对比度。再次使用【亮度/对比度】命令降低原图层的亮度并提高对比度，得到反差强烈的图像。

步骤06 调整新复制图层的不透明度为85%，合并图层后得到有丝质感的内衣图像。绘制过程如图6.288所示。

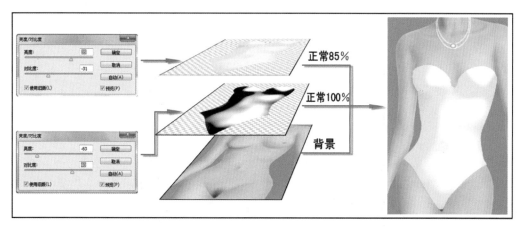

图6.288　绘制内衣的质感

步骤07 现在绘制内衣接缝。在工具栏选择 ✐ (路径)工具，绘制接缝的轮廓；然后单击右键，弹出路径命令菜单，选择【转化选区】将路径曲线转化为选区。

步骤08 在菜单栏选择【编辑】|【复制】命令，再次选择【编辑】|【粘贴】命令，将选区内的图像复制到新的图层。

步骤09 在图层面板上选择单击 fx. (混合选项)按钮，弹出【图层样式】面板，在该面板上勾选【斜面与浮雕】复选框，并调节【登高线】参数，得到有厚度感的内衣接缝效果。绘制过程如图6.289所示。

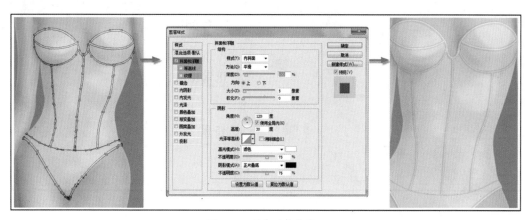

图6.289　绘制内衣的接缝

步骤**10** 现在绘制内衣的皱褶。在工具栏上选择 🔍 (减淡)工具设置较小的笔刷直径在内衣图层拖动鼠标形成皱褶的亮区；选择 🔍 (加深)工具在内衣图层拖动鼠标，形成皱褶的暗区。再使用 👆 (涂抹)工具修整皱褶的形状，然后将该图层与内衣接缝图层合并，如图6.290所示。

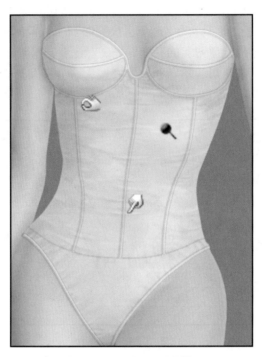

图6.290　绘制内衣的皱褶

步骤**11** 现在进一步调整内衣图像的质感。先将内衣图层复制，对新复制的图层使用【曲线】命令在图像的亮部形成强烈的反差。再对原图层使用【色彩平衡】命令使它的色调偏向暖色。

步骤**12** 调整新复制图层的不透明度为85%，以【滤色】方式与下层图像合并，绘制过程如图6.291所示。

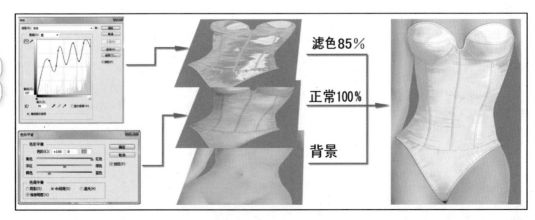

图6.291　调整内衣的色调

6.9.12　绘制蕾丝花边

步骤01 在工具栏选择 ✐ (路径)工具，绘制一朵蕾丝花边的图案，然后在路径曲线中填充黑色。

步骤02 在图层面板上，使用 **fx** (添加图层样式)功能为蕾丝花边图案制作【斜面与浮雕】效果，然后在菜单栏选择【编辑】|【定义笔刷】命令，将该图案定义为笔刷。在工具栏选择 ✐ (画笔)工具，将笔刷设置为刚才定义的蕾丝花边图案。

步骤03 使用 ✐ (路径)工具沿着内衣的边缘描绘，然后单击右键，在弹出的路径命令中选择【描边】，设置使用 ✐ (画笔)工具进行描边，这样就可以快速、整齐地绘制一串蕾丝花边图案，如图6.292所示。

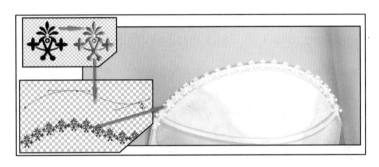

图6.292　蕾丝花边的绘制过程

6.9.13　绘制提花

步骤01 使用 ✐ (路径)工具绘制花朵的图案，将路径曲线转化为选区后使用 ▢ (渐变填充)工具填充由白至黑的渐变色。

步骤02 将花朵图案的图层复制多个，使用【自由变换】命令将复制图层变换成不同的方向，组成繁复的提花图案；然后将这些花朵图层合并。

步骤03 将提花图层覆盖在内衣图层之上，先使用【扭曲】命令将提花变换成大致的形状，再使用【液化】滤镜调节提花局部的形状。绘制过程如图6.293所示。

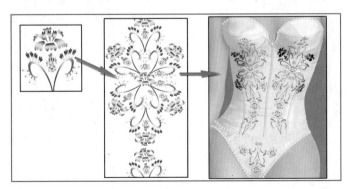

图6.293　绘制提花图案

步骤04 现在调整提花图案的色调。将提花图层复制，将图层的混合模式设置为【滤色】，并将图层的不透明度设置为90%。

步骤05 使用【色彩平衡】命令将原提花图层调节成暖色调，并将图层的不透明度设置为25%。合并图层后，得到内衣的提花效果，如图6.294所示。

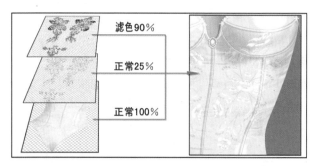

图6.294 设置图层的混合模式来表现提花的质感

这样，人物彩绘就完全竣工了，效果如图6.295所示。

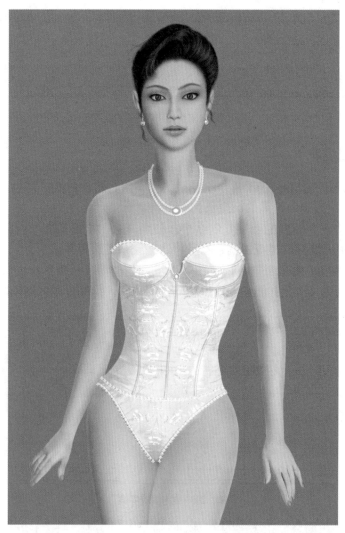

图6.295 人物彩绘的最终效果

Photoshop CC

6.10 人物彩绘(二)

"在上一节的内容中介绍了用 Poser 生成人物的底稿然后在 Photoshop 中进行细加工绘制人物的方法,本节将介绍人物彩绘的另一种方法:按照绘制底稿、用画笔填色、调整色彩及色彩的平滑过渡、细绘各个部位得到更多的层次的顺序,最终绘制出完美的人物。整个绘制过程与绘制传统油画很相似,有绘画基础的读者较易掌握。如果没有绘画基础,可以按照本节介绍的方法在 Photoshop 中临摹一些图像,耐心研究各种绘图工具的使用技巧,也有望在较短的时间内掌握人物彩绘的技能。本例的最终效果如图 6.296 所示。"

图6.296 完成的人物彩绘

6.10.1 绘制底稿

绘制传统的油画通常是使用铅笔打底稿。而使用Photoshop作画时,经常使用 ✐ (钢笔)工具绘制底稿。 ✐ (钢笔)工具绘出的是路径曲线,利用路径修改工具可以反复调整它的形状,直到满意,这种可以反复修改的特性是传统绘画无法比拟的。

步骤01 启动Photoshop，创建一幅高4000像素、宽2000像素的图像。

> 注意：使用Photoshop绘制人物，要遵循高分辨率、超清晰的原则，如果图像的尺寸创建得太小，就无法表现头发、睫毛、服装饰件等细节。所以该步骤将图像的尺寸设置为4000×2000像素是必要的。

步骤02 在工具栏选取 🖊 (钢笔)工具，使用该工具绘制人体结构的路径曲线，再依次绘制出五官、手臂等部位。对于不满意的线条，使用 ▶ (细选)工具进行调整。

步骤03 按Shift+Ctrl+N组合键创建新图层；单击右键，在弹出的右键菜单中选择【描边路径】命令，使用黑色为路径描边。这样，路径曲线就成了黑色线稿。

步骤04 接着绘制头发、衣服的路径曲线，再使用黑色对路径进行描边。在工具栏上选择 🖌 (橡皮)工具可擦除多余的线条。底稿的绘制过程如图6.297所示。

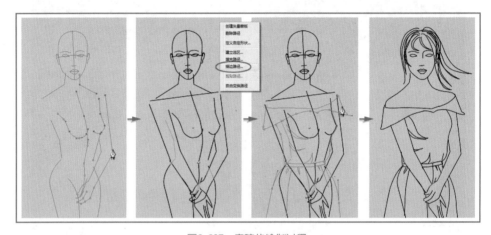

图6.297　底稿的绘制过程

6.10.2　设置色板与填色

为了准确而快速地进行填色，最好事先在色板上将所需的颜色设置得当。这个工作就像是在绘制传统油画前总是要在调色板上准备好最常用的几种颜色一样。对于没有经验的读者，要恰当地准备好从高光部到阴暗处的多种肤色实属不易。解决的方法是寻找一幅肤色表现很好的图像，使用 🖊 (吸管)工具将各部位的肤色提取到色板上，这样就可快捷地获得到多种类型的肤色。请按照下面的步骤进行操作。

步骤01 首先设置色板。在工具栏上单击前景色图标，打开【拾色器】面板，选择绘图时所需的颜色，单击【确定】按钮。在菜单栏选择【窗口】|【色板】命令，在色板上单击 🔲 (创建新色板)按钮，观察到刚才所设置的前景色被添加到色板上。在设置肤色的色板时，可以打开一幅肤色表现得很好的图像，在工具栏选取 🖊 (吸管)工具，吸取图像中各部位的肤色，然后在色板上单击 🔲 (创建新色板)按钮，这样就可快捷地提取图像中人物各部位的肤色，如图6.298所示。

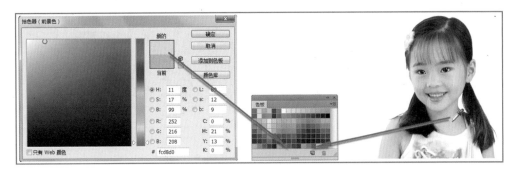

图6.298　设置色板上的颜色

步骤02 在图层面板上单击 ▣ (创建新图层)按钮创建一个新图层；选取 ✎ (魔术棒)工具，在该工具的选项栏上勾选【用于所有图层】复选框，在人物颈部单击，将该区域选中。这样，在为该部位填色时颜色就不会溢出到选区之外。

步骤03 选取 ✎ (画笔)工具，将该工具的【不透明度】、【流量】均设置为100%，在【色板】面板上选取较浅的肤色，在选区内填色，如图6.299a所示。

步骤04 将 ✎ (画笔)工具的笔刷直径设置得稍小一些，在【色板】面板上选取较深的肤色，在选区内绘制暗部；在【色板】面板上选取较亮的肤色，在选区内绘制高光部。用同样的方法将人物的面部、两臂部填满颜色，如图6.299b所示。

步骤05 在【色板】面板上添加几种由浅至深的洋红色；使用 ✎ (画笔)工具选择这几种颜色为衣服逐渐填满颜色，如图6.299c、d所示。

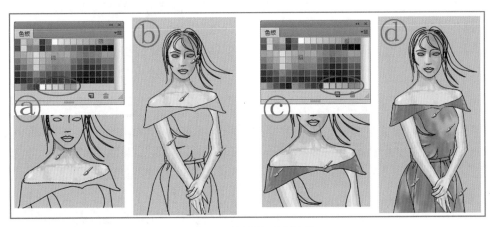

图6.299　为皮肤及衣服填色

步骤06 将前景色设置为褐色；创建新图层，使用 ✎ (画笔)工具为头发区域填色，如图6.300a所示。在工具栏选取 ⚲ (减淡)工具，在头发的受光部拖动鼠标，使该处的颜色变浅，如图6.300b所示。

步骤07 在工具栏选取 ✌ (涂抹)工具，将该工具的笔刷设置为点簇状，顺着头发的方向拖动鼠标，如图6.300c所示。选取 ✍ (加深)工具，将该工具的笔刷设置为点簇状，在头发的暗部拖动鼠标，使头发更具层次，如图6.300d所示。

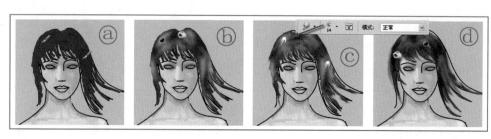

图6.300　为头发填色

6.10.3　细绘面部

在前面的步骤中，我们使用【色板】、 ✎(画笔)工具为皮肤填色，大大小小的色块粗略地表现了人体的明暗层次。要表现更细腻的人体肌肤，就要使用 ✎(涂抹)工具、 ◌(模糊)工具等使颜色过渡变得柔和，必要时，可在图像的局部进行【高斯模糊】、【动感模糊】等处理。使用 ✎(画笔)工具可在眼影、腮红等颜色变化之处绘入新的颜色，必要时可圈选局部区域，设置【羽化】值后使用【色相/饱和度】、【色彩平衡】等命令进行细微调节。 ✎(涂抹)工具虽然可以方便地使颜色产生柔和的过渡，但常使得图像变得模糊不清。解决的方法是先在图像中建立选区，在选区内进行涂抹操作，就会在选区的边缘产生清晰的边界，很适合绘制鼻翼、手指等有较明显边界的部位。下面对人物的面部进行细绘。

步骤01 在工具栏上选取 ✎(钢笔)工具，勾出面部、眼睛、嘴的轮廓；创建新图层，在眼睛、嘴处暂时填上较深的颜色以与面部的颜色区分。激活面部图层，将路径曲线转化为选区；使用 ✎(画笔)工具在眼影、腮红处绘入适当的颜色，使用 ✎(涂抹)工具设置较小的强度进行涂抹操作，使相邻色块的颜色相互融合，如图6.301a所示。

> 技巧：使用 ✎(涂抹)工具可以方便地移动颜色的位置或使相邻的颜色相互融合。在该工具的选项栏上将【强度】值设置为70%～100%时，可将颜色拖出较长的距离，达到移动颜色位置的目的；将【强度】值设置为20%～40%时，可将颜色拖出少许而与邻近的颜色相混合，反复涂抹使颜色混合得更均匀。

步骤02 圈选脸颊区域，在菜单栏选择【选择】|【羽化】命令，设置羽化值为15像素，使用【高斯模糊】滤镜进行处理，此操作使脸颊处的肌肤显得更为光滑。使用该方法分别圈选面部的其他部位，使用【高斯模糊】或【动感模糊】滤镜进行处理，使整个面部的颜色均匀过渡，如图6.301b所示。

步骤03 创建新图层，在工具栏上选取 ✎(钢笔)工具，勾出眉的轮廓并填充黑色；使用 ✎(涂抹)工具对眉进行适当涂抹，此操作不但可使眉的边缘变得透明从而显得淡一些，同时还能进一步刻画眉的形状，如图6.301c所示。这时可将头发图层显示出来，观察当前头部的效果，如图6.301d所示。

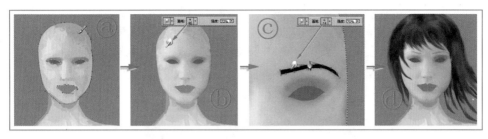

图6.301　涂抹面部并刻画眉形

步骤04 在工具栏上选取 🖊 (钢笔)工具勾出鼻翼的轮廓，如图6.302a所示。单击右键，在弹出的右键命令菜单中选择【建立选区】命令，使用 🔍 (加深)工具在选区的边缘拖动鼠标，再使用 👆 (涂抹)工具进行适当涂抹，如图6.302b所示。

步骤05 取消选择后，观察到原来模糊的鼻翼边界变得清晰了，如图6302c所示。在工具栏上选取 🔵 (模糊)工具在鼻翼上方拖动鼠标，使该处过于清晰的边界适当模糊，得到清晰而自然的颜色过渡，效果如图6.302d所示。

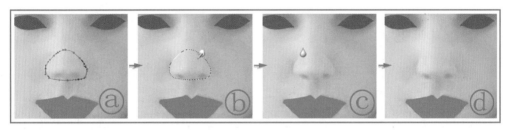

图6.302　细绘鼻部

6.10.4　细绘眼睛

使用【添加杂色】和【径向模糊】滤镜可以方便地生成眼珠的纹理，再使用 🖌 (画笔)工具或 🔍 (减淡)工具绘出眼珠反光形成的光斑，就可得到一双明亮的眼珠。在上下眼皮适当的位置建立精细的选区，使用 🔍 (加深)工具和 🔍 (减淡)工具可绘制出具有厚度感的眼皮。不要忘了在上眼皮的下方要绘制一条淡淡的阴影，这样的眼睛看起来才会有立体层次。

步骤01 在新图层中使用 ⬭ (椭圆选框)工具绘制圆形选区，填充棕色后再使用灰色描边。用同样的方法绘制眼球的光斑。

步骤02 在菜单栏选择【滤镜】|【杂色】|【添加杂色】命令，勾选【平均分布】复选框，单击【确定】按钮，为眼球添加致密的杂点。

步骤03 在菜单栏选择【滤镜】|【模糊】|【径向模糊】命令，勾选【缩放】复选框，设置适当的模糊半径，使眼球的杂点向外围发散。

步骤04 使用选择工具分别圈选眼球的亮区和暗区，使用【亮度/对比度】命令进行调节。最后使用画笔工具加强光斑效果，如图6.303所示。

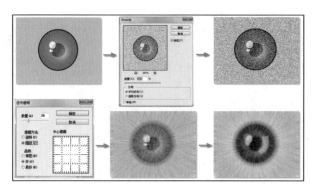

图6.303　眼珠的绘制过程

步骤**05** 使用 ✐ (钢笔)工具绘制内眼线的路径线条，如图6.304a所示。将路径线条转换为选区后，按Delete键将选区内部的图案删除，如图6.304b所示。显示眼珠图层，使用【自由变换】命令将眼珠缩放至适当大小，如图6.304c所示。删除眼珠的多余区域，效果如图6.304d所示。

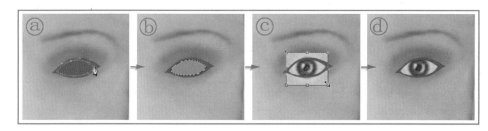

图6.304　拼出眼睛的大体效果

步骤**06** 在图层面板上单击 ◻ (新建图层)按钮，在眼球图层之上创建一个空白新图层；使用 ✎ (画笔)工具绘制一条黑色的阴影，如图6.305a所示。

步骤**07** 在菜单栏选择【滤镜】|【模糊】|【高斯模糊】命令，在弹出的【高斯模糊】对话框中调节控制滑块，使阴影变得适当模糊，如图6.305b所示。

步骤**08** 在图层面板选择 ◻ (新建图层)按钮，在阴影图层之上创建一个空白的新图层，并将该图层的混合模式设置为【正片叠底】；在工具栏选取 ✎ (画笔)工具，在内外眼角处绘制红颜色，如图6.305c所示。使用 ✍ (涂抹)工具进一步修整红颜色区域的范围及形状，如图6.305d所示。

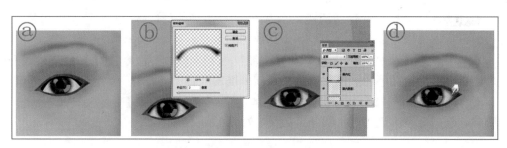

图6.305　绘制眼皮阴影及眼角的红色

步骤09 使用 ✐ (钢笔)工具绘制内眼线的路径线条，将路径线条转换为选区；在菜单栏选择【选择】|【反选】命令，使用 ✍ (涂抹)工具将深色的眼线涂抹掉。使用 ✐ (钢笔)工具绘制双眼皮的形状，将路径线条转换为选区；使用 ◎ (加深)工具在选区内拖动鼠标，形成双眼皮效果。使用 ✐ (钢笔)工具沿下眼睑在眼睛下方绘制路径线条，将路径线条转换为选区，使用 ◎ (加深)工具在选区内拖动鼠标，使下眼睑具有厚度感。绘制过程如图6.306所示。

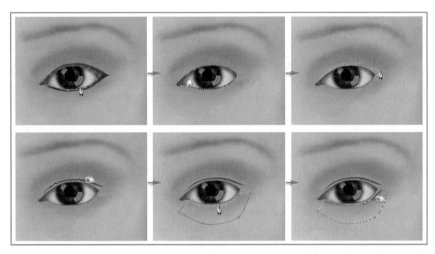

图6.306　绘制上下眼睑

步骤10 使用 ✐ (钢笔)工具绘制下眼皮内侧的形状，将路径线条转换为选区；使用 ◔ (减淡)工具调整下眼皮内侧的亮度；取消选择，使用 ✍ (涂抹)工具在内眼角处拖动鼠标，使该处的颜色过渡更均匀。绘制过程如图6.307所示。

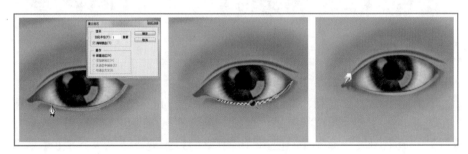

图6.307　绘制下眼皮内侧及内眼角

6.10.5　绘制睫毛及眉毛

绘制睫毛及眉毛时，通常先绘制几根短毛，通过复制、合并、再复制的方法得到上百根短毛，将它们变换成不同的形状，再排列整齐，就得到真实而细致的睫毛和眉毛。巧妙地利用图层的混合模式还可以得到睫毛上被刷上睫毛膏的效果。请按照下面的步骤操作。

步骤01 在图层面板上单击 🗇 (新建图层)按钮创建一个空白新图层；用 🖋 (钢笔)工具绘制一根短毛形状的路径曲线，在曲线内部填充黑色；然后删除路径。

步骤02 在键盘上按下Alt键不放，使用 ▶⊹ (移动)工具拖动短毛图形，此操作将短毛复制。将复制后的短毛每两三个一组进行合并，形成几簇短毛，并使用【自由变换】命令变换其形状。将短毛簇继续复制，排列在下眼皮处。用同样的方法绘制绘制上眼皮的睫毛。绘制过程如图6.308所示。

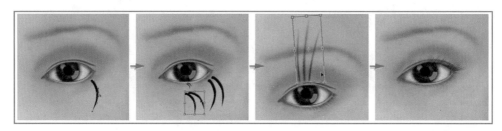

图6.308　绘制短毛并复制、变换、排列

步骤03 观察加入睫毛后的效果，如果觉得眼皮有些单薄，可以在上眼皮加入几条细小的皱褶。激活眼皮所在的图层，使用 🖋 (钢笔)工具绘制曲线，单击右键，在弹出的右键菜单中选择【描边路径】命令，将描边工具设置为 🔾 (加深)工具，并勾选【模拟压力】，单击【确定】按钮。必要时可使用 🔦 (减淡)工具在各条皱褶之间调节亮度。绘制过程如图6.309所示。

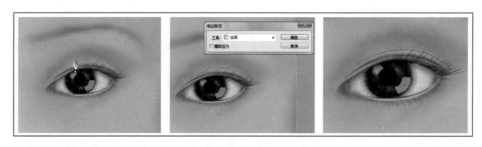

图6.309　上眼皮加入几条细小的皱褶

步骤04 将睫毛图层复制，并将复制所得到图层的混合模式设置为【溶解】，此操作会在睫毛的边缘产生颗粒状效果。创建一个新的空白图层，将该图层与混合模式为【溶解】的睫毛图层进行合并，使用【高斯模糊】滤镜将睫毛进行半径1~2像素的模糊处理，得到睫毛被刷上睫毛膏的效果。绘制过程如图6.310所示。

图6.310　睫毛被刷上睫毛膏的效果

步骤05 绘制两根稍直的短毛，使用【自由变换】工具将它移动并变换到眉毛的位置，在键盘上按下Alt键不放，使用 ▶ (移动)工具拖动短毛图形，此操作将短毛复制。将复制后的短毛根据需要，使用【自由变换】命令变换其形状。人的眉毛通常是交错生长的，注意要将相互交错的短毛绘制到不同的图层。这样在进行涂抹修饰时，就不会出"打架"现象。在工具栏选取 ✋ (涂抹)工具，将该工具的笔刷设置为点簇状，仔细沿着眉毛的生长进行涂抹，绘制过程与最终效果如图6.311所示。

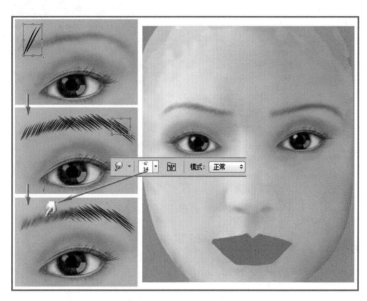

图6.311 睫毛的绘制过程

6.10.6 绘制嘴唇

为了快速地绘制嘴唇，最好事先在色板上将嘴唇的颜色设置得当。对于没有经验的读者，可以寻找一幅唇色表现很好的图像，使用 ✎ (吸管)工具将这些颜色提取到色板上。本例绘制嘴唇的方法是先使用 ✐ (画笔)工具绘制绘制出大致的形状与颜色，再使用 ✋ (涂抹)工具涂抹出纹理，最后使用 ✋ (加深)工具和 ✋ (减淡)工具来表现更多的层次和光泽。请按照下面的步骤进行操作。

步骤01 在工具栏上选取 ✐ (钢笔)工具，绘制出嘴唇的形状，然后将路径曲线转化为选区。使用 ✐ (画笔)工具在色板上选取红色及暗红色，在选区内绘制嘴唇的大致形状，如图6.312a所示。再选取较亮的颜色绘制嘴唇的高光部，如图6.312b所示。

步骤02 在工具栏上选取 ✋ (涂抹)工具，在嘴唇区域拖动鼠标，涂抹出嘴唇的大致纹理，如图6.312c所示。

步骤03 在工具栏上选取 ✋ (加深)工具，在嘴唇的暗部区域拖动鼠标，表现出口唇的暗部的层次；使用 ✋ (减淡)工具在嘴唇的亮部区域拖动鼠标，使口唇更具有光泽感，如图6.312d所示。

步骤04 在工具栏上选取 ✋ (涂抹)工具，在该工具的选项栏上将笔刷设置为点簇状，在口唇的受光部拖动鼠标，仔细刻画口唇的纹理，如图6.312e所示。

步骤05 在菜单栏选择【选择】|【反选】命令，使用 (加深)工具在嘴唇的阴影处及嘴角处拖动鼠标，使该处的面部肤色加深。使用 (减淡)工具在嘴唇的上部边缘拖动鼠标，使该处的面部肤色变亮。这样使嘴唇显得更有立体感，如图6.312f所示。嘴唇及面部的整体效果如图6.312g所示。

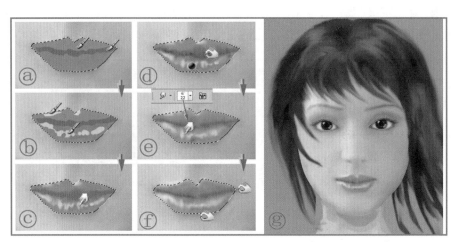

图6.312　嘴唇的绘制过程

6.10.7　绘制肌肤

在前面的步骤中，我们绘制了面部的肌肤。身体其他部位的绘制技巧与其大致相同。首先使用 (画笔)工具为皮肤填色，大大小小的色块粗略地表现了人体的明暗层次。再使用 (涂抹)工具、 (模糊)工具等使颜色过渡变得柔和，在图像的局部进行【高斯模糊】、【动感模糊】等滤镜处理后，肤色会显得均匀而细腻。在明暗过渡分明的区域可先在图像中建立选区，在选区内进行涂抹操作，就会在选区的边缘产生较为清晰的边界。

步骤01 激活人物肌肤所在的图层，在【色板】上选取恰当的颜色，配合【拾色器】面板对所选取的颜色进行细微调整，使用 (画笔)工具细致地对肌肤进行填色，如图6.313a所示。

步骤02 在工具栏选取 (涂抹)工具，设置较小的强度进行涂抹操作，使相邻色块的颜色相互融合，如图6.313b所示。

> 技巧：使用 (涂抹)工具可以方便地移动颜色的位置或使相邻的颜色相互融合。在该工具的选项栏上将【强度】值设置为70%～100%时，可将颜色拖出较长的距离，达到移动颜色位置的目的；将【强度】值设置为20%～40%时，可将颜色拖出少许而与邻近的颜色相混合，反复涂抹使颜色混合得更均匀。

步骤03 圈选锁骨、胸锁肌等明暗变化较大的区域，使用 (涂抹)工具进行涂抹操作，如图6.313c所示。取消选择后，观察到该处的轮廓更为清晰了。如果觉得边界过于清晰了，可在工具栏上选取 (模糊)工具进行修整。

步骤04 圈选明暗变化较小并且过渡均匀的区域，在菜单中选择【高斯模糊】滤镜进行调整，这样会使该处的肤色会显得光滑而细腻，如图6.313d所示。

步骤05 使用上述技巧绘制人物的双臂。完成后的效果如图6.313e所示。

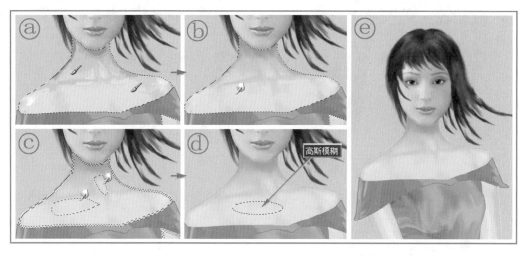

图6.313　绘制肌肤

6.10.8　绘制头发

头发的绘制方法是先使用 ✏ (画笔)工具为头发填色，使用 ⚫ (加深)工具和 ⚫ (减淡)工具表现头发的明暗面，使用 👆 (涂抹)工具表现头发的生长方向。头发是一层层、一缕缕的，并且经常相互交错，在同一个图层上很难表现这种效果。解决的方法是将交错的头发缕分开图层，分别进行绘制。上层的头发会在下层的头发上留下阴影，这样的阴影是使用图层的功能制作的。路径曲线可以快速复制，利用这个特点可以方便地描出精细的头发丝。掌握了上述技巧，就能绘制出层次丰富的多种发型。请按照下面的步骤进行操作。

步骤01 如图6.314a所示是在前面的步骤中粗略绘制的头发，请激活该图层。

步骤02 使用 ✏ (橡皮)工具及 👆 (涂抹)工具修改头发的整体形状和头发的生长方向，使它与当前的面部效果相匹配，如图6.314b所示。

步骤03 在图层面板上单击 🗖 (新建图层)按钮创建一个新图层；使用 ✏ (画笔)工具绘制新的头发缕，如图6.314c所示。

步骤04 在工具栏上选取 👆 (涂抹)工具，并在该工具的选项栏中将笔刷设置为点簇状，在新绘制的头发缕上沿着头发的生长方向拖动鼠标，如图6.314d所示。由于该头发缕是独立的图层，所以进行涂抹操作时不会影响原有的头发图像，很适合表现一缕缕相互交错的头发。

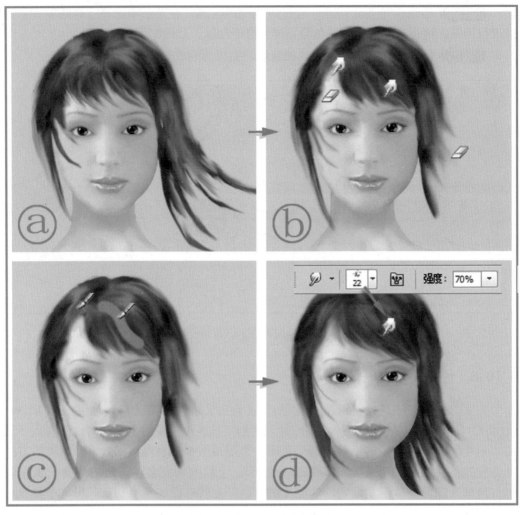

图6.314 修整头发的大体形状

步骤05 在工具栏上选取 (钢笔)工具，在图像中勾勒出新绘制的头发缕的形状，如图6.315a所示。

步骤06 使用 (加深)工具和 (减淡)工具沿着路径曲线的方向拖动鼠标，形成头发缕的明暗面。如图6.315b所示。

步骤07 使用 (钢笔)工具，绘制一条头发丝状的路径曲线，在键盘上按下Alt键不放，使用 (移动)工具拖动该路径曲线，多次重复该操作，即可将路径曲线复制多条。将 (涂抹)工具的笔刷设置为点簇状，使用该工具对路径进行描边，如图6.315c所示。删除图像中的路径曲线，观察到头发缕变得更为柔顺了，如图6.315d所示。

步骤08 撤销上一步删除路径的操作；在图层面板上单击 (新建图层)按钮创建一个新图层；将 (画笔)工具的笔刷设置为2像素，使用该工具以棕色对路径进行描边，如图6.316a所示。删除图像中的路径曲线，观察到刚才的操作描出了一缕柔顺的头发丝，如图6.316b所示。

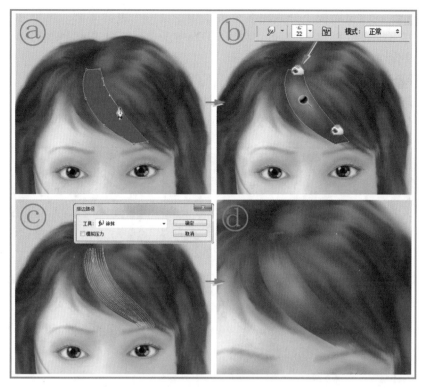

图6.315　使用涂抹工具对路径描边

步骤09 使用 (加深)工具和 (减淡)工具沿着头发丝的方向拖动鼠标，形成头发丝的明暗面。使用 (橡皮)工具设置较小的笔刷力度，对发稍处进行适当的擦除操作，如图6.316c所示。

步骤10 使用同样的方法绘制更多的头发缕和头发丝，观察到当前头发的效果已经很细致了，如图6.316d所示。此时头发的整体效果如图6.316e所示。

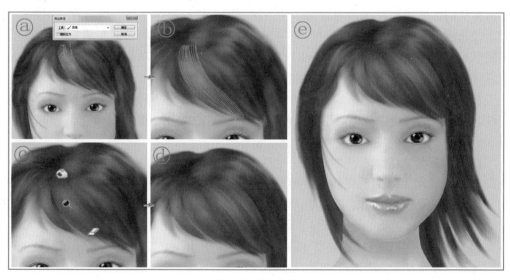

图6.316　绘制头发丝

步骤11 在图层面板上分别将多个头发缕图层一一进行复制，使用【亮度/对比度】命令将下层的头发缕降低亮度，如图6.317a所示。再使用【高斯模糊】命令适当调整，形成头发缕的阴影，如图6.317b所示。

步骤12 使用 ✐ (钢笔)工具绘制散乱的发稍路径曲线。如图6.317c所示。将 ✎ (画笔)工具的笔刷直径设置为2像素，使用该工具以棕色对路径进行描边，效果如图6.317d所示。绘制完成后的头发效果如图6.317e所示。

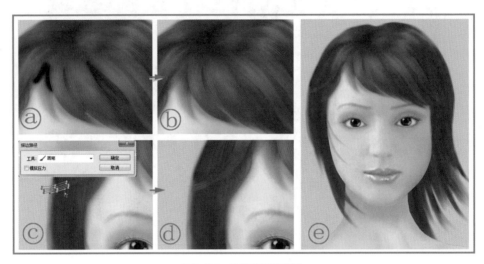

图6.317　头发的最终效果

6.10.9　绘制衣服

绘制衣服的方法通常是先使用 ✎ (画笔)工具填色，大大小小的色块粗略地表现了衣服的明暗层次，再使用 👆 (涂抹)工具绘制衣服的皱褶。在衣服的局部使用【高斯模糊】、【动感模糊】等滤镜处理会使衣服的明暗过渡更均匀，从而显得平整。在明暗过渡分明的区域可先在图像中建立选区，在选区内进行涂抹操作，就会在选区的边缘产生较为清晰的边界。多层的衣服会在下层留下阴影，比如衣领会在前胸的衣服上留下阴影等，这些阴影的效果可以使用 ✎ (画笔)工具或图层的功能来实现，绘制衣服的阴影可使衣服显得更具立体感。请按照下面的步骤进行操作。

步骤01 激活衣服所在的图层，在【色板】上选取恰当的颜色，配合【拾色器】面板对所选取的颜色进行细微调整，使用 ✎ (画笔)工具对衣服进行填色，如图6.318a所示。

步骤02 在工具栏选取 👆 (涂抹)工具，设置较小的强度进行涂抹操作，逐渐的表现出衣服的皱褶。圈选衣服较为平整的的区域，在菜单栏选择【选择】|【羽化】命令，为选区设置较大的羽化值；使用【高斯模糊】或【动感模糊】滤镜对选区内的图像进行调整，这样会使该处的衣服显得平整，如图6.318b所示。

步骤03 在图层面板单击 ▣ (新建图层)按钮创建一个新图层；使用 ✎ (画笔)工具在衣领下方绘入黑色阴影，如图6.318c所示。

步骤04 使用【高斯模糊】滤镜使黑色阴影呈现模糊效果，并适当降低该图层的不透明度，得到衣领留下的阴影效果，如图6.318d所示。

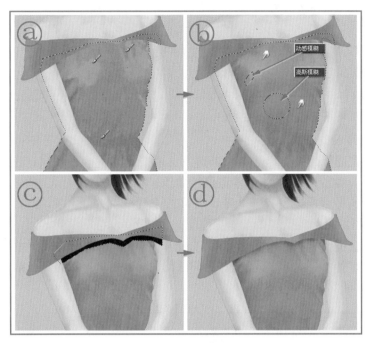

图6.318　衣服的绘制过程

步骤05 使用 工具圈选衣领的上边缘区域，如图6.319a所示。在菜单栏选择【选择】|【羽化】命令，为选区设置2像素的羽化值；使用【亮度/对比度】命令适当提高亮度，这样使衣服更具厚度感，效果如图6.319b所示。

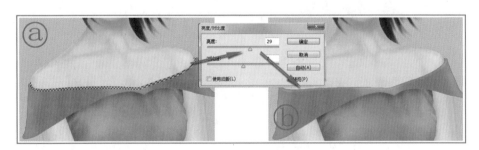

图6.319　使衣服更具立体感

步骤06 在菜单栏选择【文件】|【新建】命令，创建一幅高200像素、宽150像素的图像；在工具栏选取 工具，在该工具的选项栏上载入【装饰】图形组，选择合适的图形，在新建的图像中绘制图案，并将图案填充为黑色，如图6.320a所示。

步骤07 在菜单栏选择【编辑】|【定义画笔】命令，将所绘制的图案定义为笔刷，定义完毕后关闭该图像。在工具栏上选择 工具，打开【画笔】面板，将新定义的笔刷设置为当前笔刷，并调整适当的间距，如图6.320b所示。

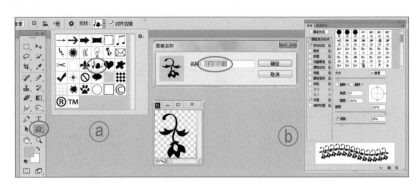

图6.320　定义图案并设置画笔

步骤08 在图层面板上单击 🔲 (新建图层)按钮创建一个新图层；在工具栏上选择 ✒ (钢笔)工具，沿着衣领的下缘绘制路径曲线，如图6.321a所示。单击右键，在弹出的右键菜单中选择【描边路径】命令，将描边工具设置为 ✏ (画笔)工具，单击【确定】按钮，观察到沿路径绘制了一串花边图案，如图6.321b所示。

步骤09 在图层面板上单击 *fx* (混合选项)按钮，在弹出的菜单中选择【斜面与浮雕】命令，如图6.321c所示。调节适当的【斜面与浮雕】参数，使花边呈现浮雕状，效果如图6.321d所示。

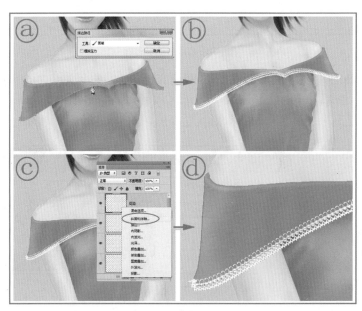

图6.321　绘制衣服花边

步骤10 在图层面板上单击 🔲 (新建图层)按钮创建一个新图层；在工具栏上选取 ✒ (钢笔)工具绘制衣服接缝的路径曲线，如图6.322a所示。使用黑色对路径进行描边，如图6.322b所示。

步骤11 使用 🧽 (橡皮)工具擦拭黑色线条使其适当减淡。沿着黑色线条的上缘建立选区，设置2像素的羽化值；激活衣领所在的图层，使用【亮度/对比度】命令提高该区域图像的亮度，如图6.322c所示。沿着黑色线条的上缘建立选区，设置8像素的羽化值，使用 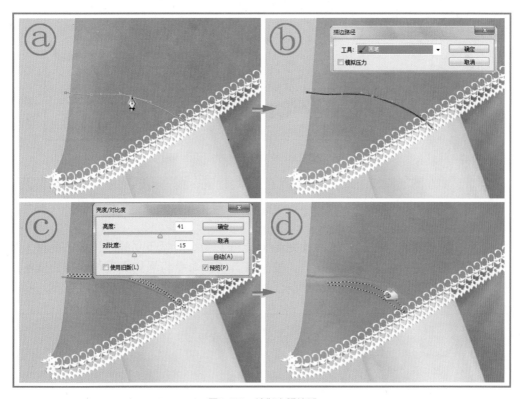 (加深)工具降低该区域图像的亮度，如图6.322d所示。用同样的方法绘制衣服其他部位的接缝。

图6.322　绘制衣服接缝

6.10.10　绘制绳结

使用Photoshop绘制绳结通常是先使用描边路径的方法绘制绳结上的花纹图案，再制作图案的浮雕效果来表现立体感。如果绘制复杂的绳结，可将图案分解到多个图层后再分别制作浮雕效果。将绳结图层与衣服图层进行拼合前不要忘记绘制绳结的阴影。

步骤01 在菜单栏选择【文件】|【新建】命令，创建一幅高150像素、宽150像素的图像；在工具栏选取 ◎ (椭圆选框)工具，在图像中绘制正圆选区，使用 █ (渐变)工具填充由白至黑的放射状渐变色，如图6.323a所示。

步骤02 在菜单栏选择【编辑】|【定义画笔】命令，将所绘制的图案定义为笔刷，定义完毕后关闭该图像。在工具栏上选取 ✏ (画笔)工具，打开【画笔】面板，将新定义的笔刷设置为当前笔刷，并调整适当的间距，如图6.323b所示。

步骤03 在图层面板上单击 🔲 (新建图层)按钮创建一个新图层；在工具栏上选取 ✒ (钢笔)工具绘制绳结的路径曲线。单击右键，在弹出的右键菜单中选取【描边路径】命令，将描边工具设置为 ✏ (画笔)工具，单击【确定】按钮，观察到绘制出了整齐的绳结图案，如图6.323c所示。

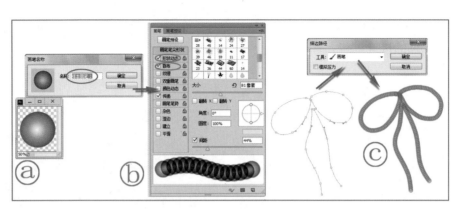

图6.323　使用描边路径的方法绘制绳结图案

步骤04　在图层面板上单击 **fx** (混合选项)按钮，在弹出的菜单中选择【斜面与浮雕】命令，如图6.324a所示。调节适当的【斜面与浮雕】参数，使绳结呈现浮雕状，效果如图6.324b所示。

步骤05　复制绳结图层，使用【亮度/对比度】命令降低下层绳结图像的亮度，使用【高斯模糊】滤镜使它变模糊一些，使用【斜切】命令将绳结图案稍作扭曲变形，即得到绳结的阴影效果，如图6.324c所示。此时衣服的整体效果如图6.324d所示。

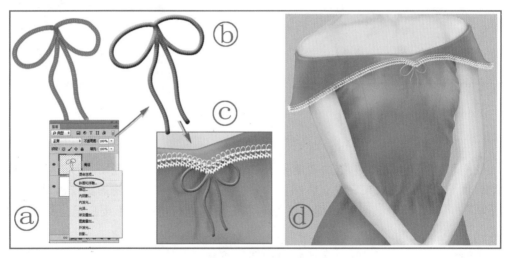

图6.324　使用混合选项制作绳结的立体效果

6.10.11　绘制项链、臂花

项链通常是先使用描边路径的方法绘制一串整齐的花纹图案，再使用【混合选项】或【样式】面板来表现立体感。金属材质的项链在不同位置会因为反光方向的不同而表现出不同的亮度和颜色，这种效果可以在整体绘制完毕后再开分区域进行调整。臂花是先使用路径工具绘制纹饰，上色后使用【3d变换】滤镜形成桶形图案。请按照下面的步骤进行操作。

步骤01 在图层面板上单击 🏳 (新建图层)按钮创建一个新图层；在工具栏上选取 ✏ (钢笔)工具，绘制项链的路径曲线。在工具栏上选取 🖌 (画笔)工具，打开【画笔】面板，选择一种图案设置为当前笔刷，并调整适当的间距。

步骤02 单击右键，在弹出的右键菜单中选择【描边路径】命令，将描边工具设置为 🖌 (画笔)工具，单击【确定】按钮，观察到绘制出了整齐的项链图案。设置画笔和描边过程如图6.325所示。描边完毕后删除路径曲线。

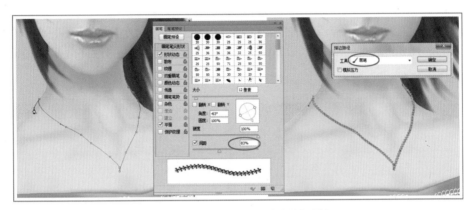

图6.325　使用描边路径的方法绘制项链

步骤03 在菜单栏选择【窗口】|【样式】命令，打开【样式】面板；单击该面板右上角的 ▾☰ 按钮，在弹出的菜单中选择【玻璃按钮】将其载入，在样式列表中单击【黑色玻璃】样式按钮，如图6.326a所示。在图层面板中隐藏【内发光】、【外发光】等效果，观察当前的项链产生了立体感。

步骤04 使用 🔺 (多边形套索)工具圈选项链的不同位置，在菜单栏选择【选择】|【羽化】命令，将选取设置100像素的羽化值；选择【图像】|【调整】|【色彩平衡】命令，调节滑块增加选区内图像的青色和蓝色，如图6.326b所示。在菜单栏选择【选择】|【反选】命令，使用【亮度/对比度】命令适当提高选区内图像的亮度。这样项链的不同位置具有了不同的颜色，表现了金属材质反射环境光的特性。

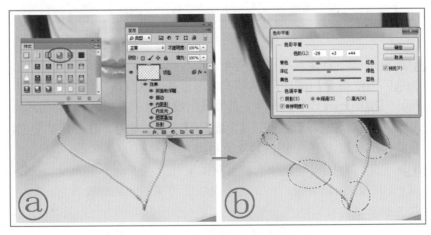

图6.326　制作立体效果并调整颜色

步骤05 在图层面板上单击 ▢ (新建图层)按钮创建一个新图层；在工具栏选取 ✿ (自定形状形)工具，在该工具的选项栏上载入【装饰】图形组，选择合适的图形，在新建的图像中绘制项坠图案，并将图案填充为灰色。在菜单栏选择【窗口】|【样式】命令，打开【样式】命令面板；单击该面板中的【黑色玻璃】样式按钮，在图层面板中隐藏【内发光】、【外发光】等效果，如图6.327a所示。

步骤06 使用 ✎ (魔术棒)工具选择项坠的中空位置，使用 ▢ (渐变)工具填充放射状渐变色，如图6.327b所示。

步骤07 在菜单栏选择【图像】|【调整】|【色相/饱和度】命令，在弹出的面板上拖动滑块，使颜色更为满意，如图6.327c所示。项链及项坠的最终效果如图6.327d所示。

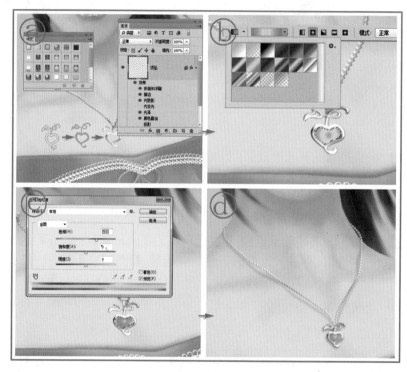

图6.327 项坠的绘制过程

步骤08 使用 ✿ (自定形状)工具并配合 ✑ (钢笔)工具绘制臂花的纹饰；将路径曲线转化为选区后使用 ▢ (渐变)工具填充由白至黑的线性渐变色，如图6.328a所示。选择【滤镜】|【渲染】|【云彩】命令，为臂花的纹饰上色，如图6.328b所示。

步骤09 在菜单栏选择【编辑】|【变换】|【变形】命令，在弹出的变形控制框中拖动调节手柄，使图案变形，如图6.328c所示。

步骤10 使用【自由变换】命令将臂花图案放置在人物的上臂处，如图6.328d所示。使用【色相/饱和度】命令，拖动调节滑块使臂花的颜色更为满意，如图6.328e所示。在臂花上绘制彩色玻璃球作为装饰物，关于球体的绘制方法，在本书前面的章节中已多次介绍，在此不再赘述。臂花的最终效果如图6.328f所示。

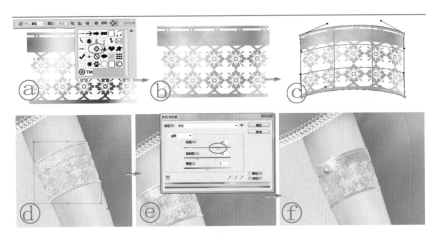

图6.328　臂花的绘制过程

步骤11 至此，这幅人物彩绘的实例大功告成了，但不要急于合并图层，这样有利于保留更多的修改余地。只要心思足够缜密，可以将它修改得极为精细和美丽。最终效果如图6.329所示。

图6.329　人物彩绘的最终效果

第7章 创意圣堂

"通过前几章轻松快乐的学习，我们几乎掌握了Photoshop中所有实用的操作。灵活运用这些操作技巧，再加上大胆、丰富的想象和富有创意的设计，就能制作出寓意深刻的各种广告和招贴画。本章将介绍一些广告实例和趣味图像的制作过程，读者将体验到一个平面设计师的无比乐趣。"

7.1 银 行 联 网

"在设计主题招贴画时，经常将与主题相关的多个场景有机地组合到一幅画面中。比如在制作体育运动会的招贴画时，可以将竞赛中的精彩图片与场馆背景组合到一幅画面中，来体现此次运动会的主题。这是一种常用的创意方法。

本例的《银行联网》招贴画就使用了这种创意方法。它所要表达的主题是：只须在电脑上敲敲键盘，就能将款项通过通信卫星即时地汇往世界各地，这就是银行联网的好处。在构思这个主题广告的画面时，想到的是要同时体现钱币、键盘、世界各地、卫星轨道、光束等内容。我们可以通过【蒙版】、图层的【混合模式】等功能将这些画面合理地组合到一起。完成后的效果如图7.1所示。"

图7.1 《银行联网》招贴画

操作步骤

步骤01 新建一幅图像，设置宽度为1280像素，高度为1200像素。使用 ▣ (渐变)工具以紫色填充背景，如图7.2所示。

步骤02 再次新建一幅图像，设置宽度为300像素，高度为300像素。在工具栏上选择 ▢ (圆角矩形)工具绘制圆角矩形路径曲线，然后使用绿色进行描边，绘制出圆角方框图案，如图7.3所示。在菜单栏选择【编辑】|【定义图案】命令，将该图形定义为图案，然后将该图像关闭。

图7.2 使用渐变色填充背景　　　图7.3　绘制圆角方框图案

步骤03 创建一个新图层；选择【编辑】|【填充图案】命令，使用刚才定义的圆角方框图案进行填充，形成方格图层，如图7.4所示。

步骤04 在菜单栏选择【编辑】|【变换】|【透视】命令，拖动四角的控制手柄变换方格图层，效果如图7.5所示。

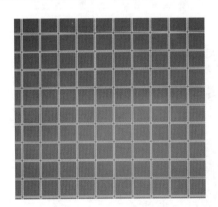 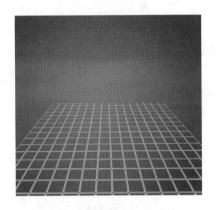

图7.4 填充图案后的效果　　　图7.5　【透视】变换后的效果

步骤05 现在制作方格的淡入淡出效果。在图层面板上单击 ▣ (蒙版)按钮，使用 ▣ (渐变填充)工具在图像中填充由白至黑的渐变色，图层面板上显示的蒙版状态如图7.6所示。方格图像的上方区域逐渐变得透明，如图7.7所示。

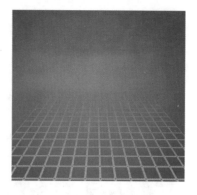

图7.6　图层面板显示的蒙版状态　　　　图7.7　方格图层逐渐透明

步骤06 新建一幅图像；绘制如图7.8所示的符号图案，选择【编辑】|【定义图案】命令，将该图案进行定义，然后关闭该图像。

步骤07 创建新图层，以刚定义的图案进行填充，如图7.9所示。

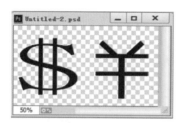

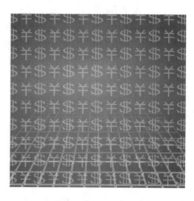

图7.8　绘制符号图案　　　　　　　　图7.9　使用图案进行填充

步骤08 现在制作该符号图层的淡入淡出效果。在图层面板上单击 ▣ (蒙版)按钮，使用 ▢ (渐变填充)工具设置为径向渐变，在视图中填充由白至黑的渐变色，此时图层面板显示的蒙版状态如图7.10所示。观察到视图中符号图层的左上方区域逐渐变得透明，如图7.11所示。

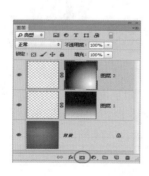

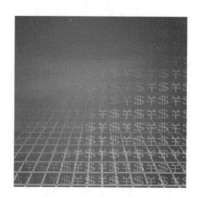

图7.10　图层面板显示的蒙版状态　　　图7.11　符号图层逐渐透明

步骤09 ▶ 打开本书配套光盘"素材"文件下的701.PSD图像文件，这是一幅地球模型的图像，如图7.12所示。使用鼠标将地球图层拖动到图像中，如图7.13所示。

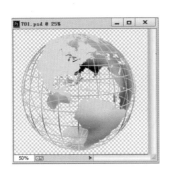

图7.12　地球模型图像

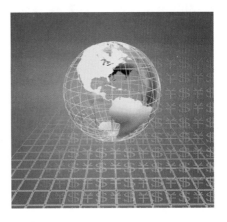

图7.13　合成地球图像图层

步骤10 ▶ 创建新图层；用蓝色绘制圆环图案，如图7.14所示。在菜单栏选择【编辑】|【变换】|【透视】命令，拖动控制手柄使圆环变形，如图7.15所示。

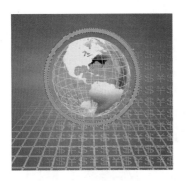

图7.14　绘制圆环图案

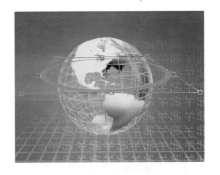

图7.15　使圆环变形

步骤11 ▶ 将该图层复制并使用【自由变换】命令旋转角度，效果如图7.16所示。将几个圆环图层合并，在键盘上按住Ctrl键不放，单击该图层的图层栏，即可将图案区域选中；缩小选区后按下Delete键将图案的内部区域删除，效果如图7.17所示。

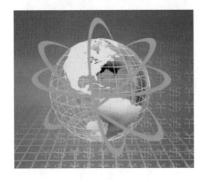

图7.16　复制并旋转圆环图层

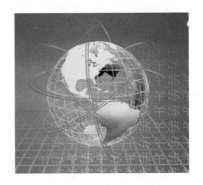

图7.17　删除图案内部区域

步骤12 打开本书配套光盘"素材"文件下的702.PSD图像文件，这是一幅人民币的图像，将其导入，效果如图7.18所示。在菜单栏选择【编辑】|【变换】|【扭曲】命令，变换人民币的形状，如图7.19所示。

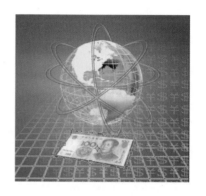

图7.18 导入人民币图像　　　　　　　图7.19 变换人民币的形状

步骤13 打开本书配套光盘"素材"文件下的703.PSD图像文件，这是一幅手的图像，将其导入，效果如图7.20所示。为手制作阴影图层，将人民币图层复制多层，并将每层稍许旋转，效果如图7.21所示。

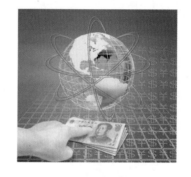

图7.20 导入手的图像　　　　　　　图7.21 复制人民币图层

步骤14 打开本书配套光盘"素材"文件下的704.PSD图像文件，这是一幅键盘按钮的图像，如图7.22所示，将其导入并放置在合适的位置，如图7.23所示。

图7.22 键盘按钮的图像　　　　　图7.23 导入按键并放置在合适的位置

步骤15 现在制作按键图层的淡入淡出效果。在图层面板上单击 ⊡ (蒙版)按钮，使用 ▥ (渐变填充)工具在视图中填充由白至黑的渐变色，此时图层面板显示的蒙版状态如图7.24所示。然后将图层的混合模式设置为【强光】，观察到视图中按键图层的右下方区域逐渐变得透明，如图7.25所示。

图7.24 图层面板显示的蒙版状态　　图7.25 按键图层逐渐变得透明

步骤16 创建新图层；在工具栏上选择 ✐ (画笔)工具，在键盘上按下Shift键不放，绘制一条水平的白色线条，如图7.26所示。将该白色线条复制多个，使用【自由变换】命令将每个线条变换不同的角度，如图7.27所示。

 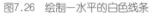 

图7.26 绘制一水平的白色线条　　图7.27 复制线条并变换不同角度

步骤17 创建新图层，使用(渐变填充)工具绘制色谱光芒，如图7.28所示。将光芒图案模糊后，将图层的混合模式设置为【屏幕】，效果如图7.29所示。

图7.28 绘制色谱光芒　　图7.29 设置混合模式后的效果

步骤18 打开本书配套光盘"素材"文件下的705.jpg图像文件，这是一幅键盘的图像，如图7.30所示。将键盘区域选中，用鼠标拖动到图像中，使用【色彩平衡】命令调整键盘的色彩，效果如图7.31所示。

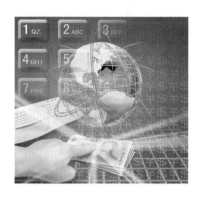

图7.30　键盘的图像　　　　　　　　　　　　图7.31　将键盘导入

步骤19 在工具栏上使用 **T.** (文字)工具输入汉字，将汉字图层像素化后，使用【动感模糊】滤镜处理；将该图层的混合模式设置为【亮光】，再于新的图层输入汉字，汉字设置为黄色，效果如图7.32所示。

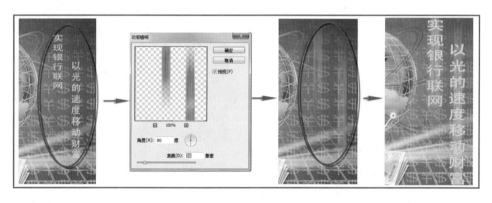

图7.32　文字的制作过程

步骤20 在新的图层绘制星状图案，如图7.33所示。使用【高斯模糊】滤镜处理该星状图案，再将该图层的混合模式设置为【强光】，效果如图7.34所示。

图7.33　绘制星状图案　　　　　　　　　　图7.34　设置图层混合模式

步骤21 在地球上各国家的首都位置绘制彩色的圆点，如图7.35所示。使用 ✎ (路径)工具绘制直线，将指尖与各圆点连接，如图7.36所示。

图7.35 绘制彩色的圆点

图7.36 绘制路径直线

步骤22 对路径直线进行白色描边。仔细将各图层的色彩调节成心目中理想的颜色，这幅主题招贴画就设计完成了，如图7.37所示。

图7.37 完成后的图像

7.2　智慧结晶

"常听人说,在设计某个广告时运用了'蒙太奇'手法,什么是'蒙太奇'手法呢?"

"蒙太奇手法就是指将不同时空、甚至是不同事物的画面相互组合后,产生画面之外的另一语言的表现方法。比如一艘轮船在海面上行驶的画面,如果加入年幼时家园的场景,就可以表现出海外游子思乡的心情。也就是说,两个画面的并列并非简单的一加一,而是一个新的创造,这就是蒙太奇。它以人类心理学为基础,被广泛运用于电影、电视、广告设计等视觉艺术中。

在本节的广告实例中,将经历千年风霜、沉稳睿智的石头巨人画面与造型优雅、做工精良的手表画面相组合,这种古老与现代的强烈对比让人感受到的是时代的变迁。在制作方法上,我们使用山石的纹理拼接石头巨人的形状,再使用图层的功能形成石头巨人的明暗面。完成后的效果如图 7.38 所示。"

图7.38　手表广告

操作步骤

步骤01→ 打开本书配套光盘"素材"文件下的706.jpg和707.jpg图像文件,这是一幅人物图片和一幅山的图片。如图7.39、图7.40所示。我们将把山作为纹理,按照图片上人物的姿态来制作石头巨人的图像。

图7.39　人物的姿态

图7.40　山的图片

步骤02 新建一幅图像，设置宽度为1000像素，高度为750像素。将人物区域选中后调入该图像中。使用 (多边形套索)工具，选择适当的山石纹理图案后也调入到该图像中。使用【自由变换】命令调节山石纹理图层的大小，使其覆盖人物的身体区域。这样就开始了石头巨人的搭建过程，如图7.41所示。

步骤03 在用山石纹理搭建石头巨人时，重要的是要使山石的纹理与衣服的纹理相似，这一点决定了你所搭建的石头巨人是否成功。继续选择适当的山石纹理图案覆盖人物的前臂，如图7.42所示。

图7.41　用山石纹理覆盖身体

图7.42　用山石纹覆盖前臂

步骤04 在菜单栏选择【滤镜】|【液化】命令，在弹出的【液化】滤镜面板上勾选【背景幕布】复选框，这样就可以隐约看到人物图层，如图7.43所示。使用 (涂抹)工具在滤镜窗口中拖动鼠标，即可使纹理变形，直到它近似于衣服的纹理。

步骤05 复制适当的纹理覆盖在衣领、前襟等细节部位，使山石组成的衣服更加具体，如图7.44所示。

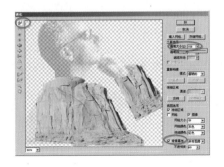
图7.43　【液化】滤镜面板

图7.44　选择适当纹理构建衣服细节

步骤06 使用相同的方法制作山石巨人的手和头部。在制作手指、耳朵等细节部位时要挑选合适的纹理仔细拼贴，如图7.45所示。复制山石的一块纹理，使用【自由变换】命令将它变换成眼镜的形状，如图7.46所示。

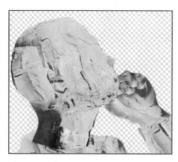 

图7.45 制作山石巨人的手和头部　　　　　图7.46 变换成眼镜的形状

步骤07 下面使用原人物图层的灰度图像来形成石头巨人的明暗面。首先将原人物图层排列在石头巨人图层的上方；在菜单栏选择【图像】|【调整】|【去色】命令，使原人物图像褪色，在图层面板上将该图层的混合模式设置为【亮度】，【不透明度】设置为40%，现在的石头巨人就具有了立体感。制作过程如图7.47所示。

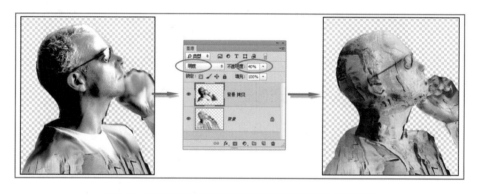

图7.47 使用原人物图层的灰度图像形成石头巨人的明暗面

步骤08 现在我们将制作好的石头巨人放置到原野场景中。打开本书配套光盘"素材"文件下的707.jpg图像文件，选择一部分山头区域，将它填充为天空的颜色；然后将石头巨人图层拖动到该图像中，放置在适当位置，如图7.48所示。

图7.48 将石头巨人图层调入原野场景图片

步骤09 现在再加入一个原野的场景使画面更加开阔。打开本书配套光盘"素材"文件下的708.jpg图像文件。在菜单栏选择【图像】|【画布大小】命令，在【画布大小】对话框中增大【图像宽度】的数值，使该图像向左侧延伸；然后将石头巨人图像调入，如图7.49所示。

图7.49 加入其他的原野的场景使画面开阔

步骤10 复制一些山石、树木等图案，覆盖在两幅画面的衔接处；对于画面中一些多余的树木，可以使用 ▲ (仿制图章)工具来将它擦除；然后将天空区域全部选中，使用 ▥ (渐变填充)工具统一填充蓝色背景。效果如图7.50所示。

图7.50 将两幅场景画面完全衔接

步骤11 打开本书配套光盘"素材"文件夹下的709.jpg图像文件，这是一幅手机的画面，将手表调入到制作好的石头巨人图像中，如图7.51所示。建立新图层，使用白色对手表的边缘进行描边，使用【高斯模糊】滤镜处理后排列到手表图层下方，形成手表的光晕效果，如图7.52所示。

图7.51 将手表图像调入

图7.52 形成手表的光晕效果

步骤**12** 建立新图层，使用白色绘制方形图案；使用【动感模糊】滤镜处理，然后将它排列在手表图层下方，并使用【自由变换】命令变换其形状；使用 (橡皮)工具擦除多余区域，形成手表的光芒效果，如图7.53所示。

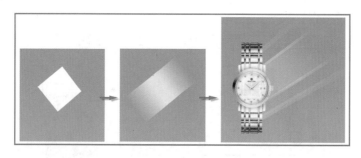

图7.53 形成手表的光芒效果

步骤**13** 使用 (文字)工具输入汉字，如图7.54所示。在菜单栏选择【窗口】|【样式】命令，弹出【样式】面板，如图7.55所示。在其上单击 (铬金光泽)按钮，这样就方便地为文字制作了金属光泽特效，如图7.56所示。

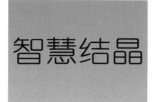

图7.54 输入汉字　　　　　图7.55 【样式】面板　　　　图7.56 铬金光泽特效字

步骤**14** 仔细将各图层的色彩调节成心目中理想的颜色，这幅作品就设计完成了，最终效果如图7.57所示。

图7.57 完成的效果图

7.3 夏日酷酷爽

"一个优秀的广告必须能在众多的广告中脱颖而出，它能最先吸引观众的视线并留下美好而深刻的印象。所以，广告设计者必须把握住产品的特点，并将它引申成为独具个性的精彩画面。为了塑造更为强烈的广告形象，对主题插图进行夸张、强调是一种常用而有效的方法。"

"我明白了，对主题插图进行夸张是塑造广告形象的一种方法。而夸张后的效果应符合广告中产品的特点。"

"对。在本节的广告实例中，主题插图是一个畅饮矿泉水后痛快欢畅的人物形象，我们修改图像的质感后，将人物制作成一个装满水的透明容器，这样的夸张可谓别出心裁。下面介绍该广告的制作方法，完成后的效果如图 7.58 所示。"

图7.58 夏日酷酷爽饮料广告

步骤01— 打开本书配套光盘"素材"文件夹下的710.jpg图像文件，这是一幅人物图像。将人物复制到新图层，在菜单栏选择【图像】|【调整】|【去色】命令，彩色图像即被改变为灰度图像；然后选择【滤镜】|【风格化】|【浮雕效果】命令，弹出【浮雕效果】对话框，适当调整参数，得到图像的浮雕效果。操作过程如图7.59所示。

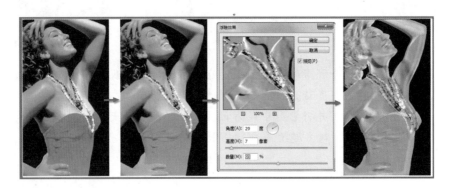

图7.59　将人物复制到新图层后制作图像的浮雕效果

步骤02 将浮雕效果图层复制；对复制后的下面图层使用【亮度/对比度】命令稍增加图层的亮度；对复制后上面的图层使用【塑料包装】滤镜处理，在图像的明暗过渡区产生高光效果，将图层的混合模式设置为【强光】，不透明度设置为85%，然后合并图层。得到近似于透明容器的图像效果。制作过程如图7.60所示。

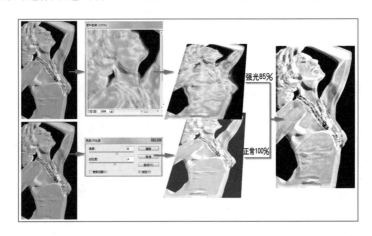

图7.60　透明容器效果的制作过程

步骤03 使用【色彩平衡】命令使图像稍偏向蓝色；创建新图层，在人物区域的下部填充蓝色，然后将该图层的混合模式设置为【叠加】，合并图层后，人物区域的下部图像变为反差强烈的蓝色图像，如图7.61所示。

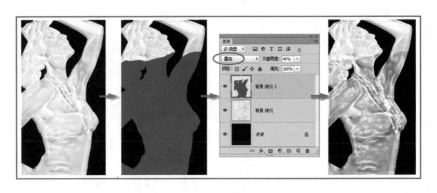

图7.61　人物区域的下部图像变为反差强烈的蓝色图像

步骤04 打开本书配套光盘"素材"文件夹下的711.jpg图像文件,这是一幅海浪的图像,如图7.62所示。选择浪花区域,复制到人物图像的手臂内,并将该图层的混合模式设置为【叠加】,然后合并图层。效果如图7.63所示。

图7.62 海浪的图像 图7.63 将浪花图像复制到人物手臂内

步骤05 在菜单栏选择【滤镜】|【液化】命令,弹出【液化】滤镜面板,如图7.64所示;在该面板上选择 (涂抹)工具,将【画笔压力】设置为100%,在视图窗口中拖动鼠标,使图案具有水纹的效果,如图7.65所示。

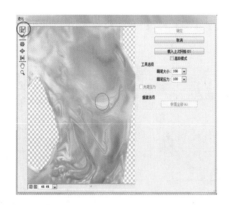
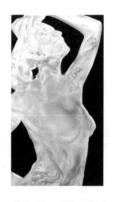

图7.64 【液化】滤镜面板 图7.65 水纹的效果

步骤06 打开本书配套光盘"素材"文件夹下的712.jpg图像文件,这是一幅沙漠的图像,如图7.66所示。将原人物图像和刚制作的人物容器图像调入,效果如图7.67所示。

图7.66 沙漠的图像 图7.67 调入人物图像

步骤07 打开本书配套光盘"素材"文件夹下的713.jpg图像文件，这是夏日酷酷爽饮料的产品图像，如图7.68所示。选择饮料瓶区域，将它复制到沙漠图像中，效果如图7.69所示。

图7.68 夏日酷酷爽饮料　　　　　　　图7.69 复制到沙漠图像中

步骤08 现在绘制商标背底的彩虹图案。创建一个新图层，使用 ▨ (渐变填充)工具绘制色谱图案，使用 ▥ (矩形选框)工具将色谱图案圈选。选择【滤镜】|【扭曲】|【极坐标】命令，勾选【平面坐标到极坐标】复选框，色谱图案即被弯曲成圆环状；删除下部区域，然后将图层的混合模式设置为【强光】，得到彩虹的图案，如图7.70所示。

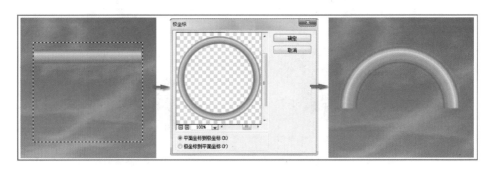

图7.70 彩虹的绘制过程

步骤09 创建新图层，输入汉字"夏日酷酷爽"；再次创建新图层，使用 ✐ (路径)工具绘制商标图案并填充为白色，然后合并这两个图层。在工具栏上选择 ▨ (渐变填充)工具，设置蓝色渐变色填充商标图案区域，制作过程如图7.71所示。

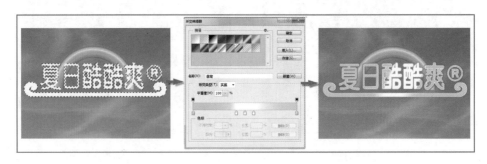

图7.71 商标的制作过程

步骤10 仔细将各图层的色彩调节成心目中理想的颜色,这幅作品就设计完成了。最终效果如图7.72所示。

图7.72 完成后的效果

7.4 人物裂缝与剥落

"现代招贴画、网页插画等经常以赚人眼球为目的。在众多的图片中,只要人的目光能在这幅图片上停留片刻,就算是不错的设计。因此,追求新奇是图像设计师常见的心理。本例利用【云彩】、【等高线】、【最小值】等滤镜制作人体的裂纹,用【添加杂色】滤镜制作皮肤剥落之处的砂状纹理。原始图像与最终效果如图 7.73 所示。"

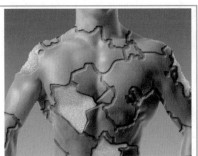

图7.73 人体裂缝与剥落

步骤01 启动Photoshop。打开本书配套光盘"素材"文件夹下的rw02.psd图像文件,这是一幅人物上身的图像,如图7.74所示。

步骤02 在【图层】面板单击 (创建新图层)按钮,新建一个图层;在菜单栏选择【滤镜】|【渲染】|【云彩】命令,此时图像如图7.75所示。

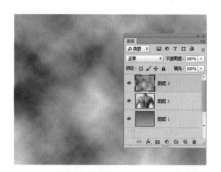

图7.74　人物上身的图像　　　　　　图7.75　执行【云彩】滤镜后的效果

步骤03 在菜单栏选择【滤镜】|【风格化】|【等高线】命令，将色阶参数设置为128，单击【确定】按钮，如图7.76所示。此时图像中呈现不规则的黑线条。

步骤04 在菜单栏选择【滤镜】|【其他】|【最小值】命令，打开【等高线】对话框，将半径参数设置为3像素，如图7.77所示。

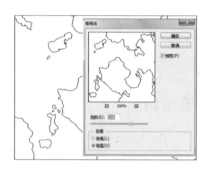

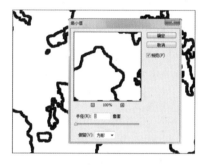

图7.76　呈现不规则的黑线条　　　　图7.77　设置【最小值】滤镜参数

步骤05 在【图层】面板上，将【混合模式】设置为【正片叠底】，如图7.78所示。在工具栏中选择 ✐(铅笔)工具，在图像中添加一些黑色线条，效果如图7.79所示。

图7.78　设置混合模式　　　　　　　图7.79　添加线条

步骤06 在菜单栏选择【选择】|【色彩范围】命令，打开【色彩范围】对话框。使用 ✐(吸管)工具在黑色线条上单击鼠标，单击【确定】按钮。这样就选择了图像中的黑色线条区域。在图层面板上，删除黑色线条所在的图层，此时图像中只剩下黑色线条的选区，如图7.80所示。

步骤07━ 选择人物所在的图层，使用 ▽ (多边形套索)工具在视图中单击鼠标右键，在弹出的快捷菜单中选择【通过拷贝的图层】命令，将黑色线条区域内的图像复制到新的图层。在图层面板上单击 fx. (添加图层样式)按钮打开【图层样式】面板，在该面板上勾选【斜面和浮雕】选项，设置参数如图7.81所示。

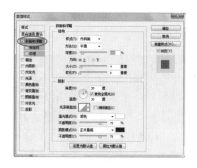

图7.80　黑色线条区域被选中　　　　　　图7.81　【斜面和浮雕】对话框

步骤08━ 单击【确定】按钮，观察到线条出现了斜面和浮雕效果，如图7.82所示。

步骤09━ 使用 ▽ (多边形套索)工具，选择人物图形的部分区域，在键盘上按Delete键将其删除，如图7.83所示。

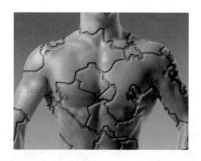

图7.82　线条出现了斜面和浮雕效果　　　　图7.83　删除人物的部分区域

步骤10━ 在【图层】面板上，单击 ▣ (创建新图层)按钮，在背景图层之上新建一个图层。将前景色设置为棕色，在工具栏中选择 ◢ (画笔)工具，在身体缺失的区域进行绘制，效果如图7.84所示。

步骤11━ 在菜单栏选择【滤镜】|【杂色】|【添加杂色】命令，打开【添加杂色】对话框。勾选【单色】复选框，单击【确定】按钮，效果如图7.85所示。

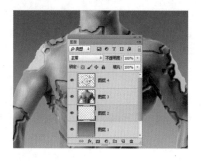
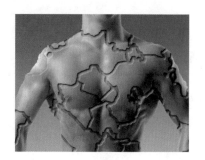

图7.84　在身体的部分区域进行绘制　　　　图7.85　添加杂色后的图形效果

步骤12 选择人物身体图层，在工具栏中选择 (多边形套索)工具，再次选择身体的部分区域，在键盘上按Delete键将其删除，效果如图7.86所示。

步骤13 在【图层】面板上，单击 （创建新图层)按钮，在人物图层之下新建一个图层。在工具栏上选择 (画笔)工具，在被删除的区域绘制棕色；使用【添加杂色】命令为所绘制的棕色区域添加杂色。人体表面的裂纹与剥落效果就制作完成了，如图7.87所示。

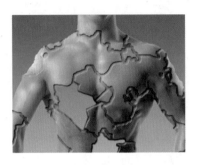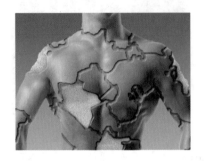

图7.86　再次选择并删除身体的部分区域　　　图7.87　人体裂纹与剥落的最终效果

7.5　石头容器中的猫

"一块石头被挖出一个空间，在这个空间中放入一只小动物。图像设计师们只要开动脑筋，就会有新奇的构思。本例所使用的石头图像和挖出空间后放入小动物的最终效果如图7.88所示。"

图7.88　石头和石头容器中的猫

步骤01 启动Photoshop。打开本书配套光盘"素材"文件夹下的st01.psd图像文件，这是一幅石头的图像，如图7.89所示。

步骤02 在【图层】面板上单击 （创建新图层)按钮新建一个图层；在工具栏上选择 (钢笔)工具，在图像中绘制路径图形，然后在该图形中填充灰色，如图7.90所示。

图7.89　一幅石头的图像

图7.90　绘制路径图形并填充灰色

步骤03　删除路径曲线；在【图层】面板上选择石头所在的图层，选择石头图像的上半部分，在键盘上按下Delete键将其删除，此时图像的效果如图7.91所示。

步骤04　在【图层】面板上单击 🗔 (创建新图层)按钮新建一个图层，并将新创建的图层移动到顶层；沿着灰色图形的边缘创建选区，然后在选区中填充深灰色。此时图像的效果如图7.92所示。

图7.91　删除石头图像的上半部分

图7.92　在图形的边缘填充深灰色

步骤05　在【图层】面板上选择石头所在的图层，使用 ▣ (矩形选框)工具选择石头图像的一部分纹理，在图像中单击右键，在弹出的右键菜单中选择【通过拷贝的图层】命令将矩形的石头纹理复制到新图层，将生成的新图层移动到灰色图形的上方，如图7.93所示。

步骤06　使用【自由变换】命令将石头纹理放大，使其覆盖灰色的图形；删除石头纹理的多余区域，即得到一幅石头容器的图像，效果如图7.94所示。

图7.93　将石头纹理复制到新图层

图7.94　用石头纹理覆盖灰色图形

步骤**07** 打开本书配套光盘"素材"文件夹下的xm01.jpg图像文件,这是一幅小猫的图像;将小猫图像复制到石头图像中,如图7.95所示。

步骤**08** 选择小猫图像的下半部分和周围的背景区域,在键盘上按下Delete键将其删除,这样,小猫图像就好像被放置到石头容器中了,如图7.96所示。

图7.95 将小猫图像复制到石头图像中   图7.96 删除小猫图像的下半部分

7.6 切开段的刺猬

"制作怪异图像是图像设计师的必修课。在刺猬身上绘制截面,再用猕猴桃的切面图像作为截面的纹理,就会形成把刺猬切成段的怪异效果。本例所使用的刺猬图像和切成段后的效果如图7.97所示。"

图7.97 刺猬图像和切成段后的效果

步骤**01** 启动Photoshop。打开本书配套光盘"素材"文件夹下的cw01.jpg图像文件,这是一幅刺猬的图像,如图7.98所示。

步骤**02** 使用 （多边形选框)工具在刺猬的头部建立如图7.99所示的选区。

图7.98　刺猬的图像

图7.99　在刺猬的头部建立选区

步骤03 在图像中单击鼠标右键，在弹出的右键菜单中选择【通过拷贝的图层】命令，将选区中的图像复制到新的图层；使用【自由变换】命令将复制得到的刺猬头部图像向右适当旋转，并移动到图像的右下角，如图7.100所示。然后将该图层隐藏。

步骤04 打开本书配套光盘"素材"文件夹下的mht01.jpg图像文件，这是一幅猕猴桃切面的图像。选择猕猴桃的切面区域，将其复制到刺猬图像中，如图7.101所示。

图7.100　移动到图像的右下角

图7.101　复制芒果切面到刺猬图像中

步骤05 在刺猬图像所在的图层使用 🗗 (仿制图章)工具吸取草地颜色，将刺猬的头部区域覆盖，效果如图7.102所示。

步骤06 选择猕猴桃切面的边缘区域，使用【亮度/对比度】命令适当降低该选区中图像的亮度，如图7.103所示。

图 7.102　用草地颜色覆盖头部区域

图7.103　降低选区中图像的亮度

步骤07 在【图层】面板中单击 👁 (指示图层的可见性)按钮，将前面步骤中隐藏的刺猬头部图像显示出来，效果如图7.104所示。使用同样的方法可制作刺猬的第二次切断效果。本例的最终效果如图7.105所示。

图7.104　将刺猬头部图像显示出来　　　　图7.105　刺猬的第二次切断效果

7.7　方形苹果

"要种出一个方形苹果，需花费很大的功夫，而用Photoshop将一个普通的苹果变形成方形苹果就简单多啦！本例将苹果的几个局部分别进行变形操作，最终使它成为一个方形苹果，如图7.106所示。"

图7.106　苹果的原始图像和变形后的效果

步骤01 启动Photoshop。打开本书配套光盘"素材"文件夹下的pg02.jpg图像文件，这是一幅苹果的图像，如图7.107所示。

步骤02 在工具栏选择 ▣ (矩形选框)工具，在图像中选择右侧的苹果区域，将其复制到新图层；在背景图层的上方建立新图层，填充由灰色至浅灰色的渐变色，效果如图7.108所示。

图7.107　苹果的图像　　　　　图7.108　填充灰色渐变色

步骤03→ 创建一个新图层，在工具栏选择 ✐ (钢笔)工具，在图像中绘制如图7.109所示的路径曲线，然后用黑色对路径曲线进行描边，作为苹果变形的参考线。

步骤04→ 使用 🔽 (多边形选框)工具选择苹果的右下部区域，并将其复制到新的图层；在菜单栏选择【编辑】|【变换】|【变形】命令，拖动变形手柄，使该区域的图像发生变形，如图7.110所示。

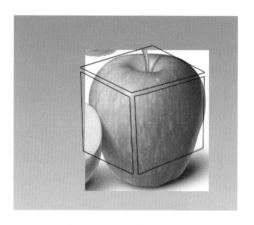
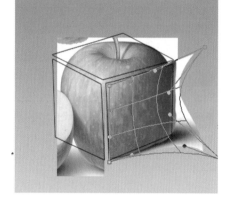

图7.109　绘制路径曲线　　　　　　图7.110　苹果的右下部变形

步骤05→ 选择苹果的左下部区域，将其复制到新的图层；使用【变形】命令使该区域的图像发生变形，如图7.111所示。使用同样的方法，对苹果的上部区域进行变形操作，如图7.112所示。

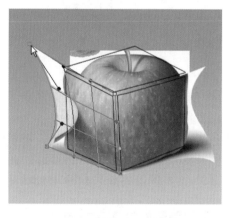
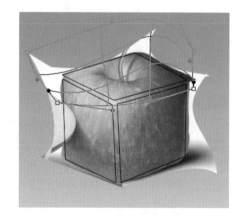

图7.111　苹果的左下部变形　　　　　图7.112　苹果的上部图像变形

步骤06→ 使用 🔽 (多边形选框)工具，选择苹果变形后超出参考线的区域，在键盘上按Delete键将其删除。此时图像的效果如图7.113所示。

步骤07→ 在【图层】面板上单击 👁 (指示图层可见性)按钮，将参考线图层隐藏；创建一个新图层；使用 ✐ (钢笔)工具工具绘制苹果高光区域的路径图形，然后在路径图形内填充白色，如图7.114所示。

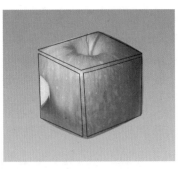
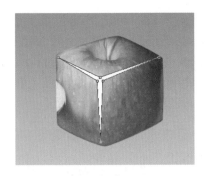

图7.113　删除超出参考线的部分　　　　　图 7.114　在路径图形内填充白色

步骤08 删除图像中的路径线条；使用【高斯模糊】滤镜使白色的高光图案适当模糊，效果如图7.115所示。

步骤09 在【图层】面板上选择背景图层，选择苹果的叶子区域，使用【通过拷贝的图层】命令将其复制到新的图层，并将新图层排列在图像的顶层，效果如图7.116所示。

图7.115　使白色的高光图案适当模糊　　　图7.116　将苹果叶子复制到新图层

步骤10 在背景图层选择左侧的半个苹果，使用【通过拷贝的图层】命令将其复制到新的图层，并将新图层排列在图像的顶层，如图7.117所示。

步骤11 在【图层】面板上单击 🔲 (创建新图层)按钮新建一个图层，将新图层排列在苹果所在的图层之下。使用 ✍ (画笔)工具用黑色绘制苹果的投影，在【图层】面板上将阴影图层的【不透明度】设置为40%。本例最终效果如图7.118所示。

图7.117　将半个苹果复制到新图层　　　　图7.118　绘制苹果的阴影

7.8　石雕花盆变金盆

　　"在实际工作中，有时要刻意地改变图像中物体原有的材质，例如将石刻雕塑变成金属雕塑。由于石头材质与金属材质的反光度与光泽度都有很大的差异，因此这并不是简单地将石头的青色改变成黄色就能完成的事情，还需要想尽办法营造金属较强的光泽度和反光度。本例将一幅图像中的石雕花盆改变质感，使其变成金花盆的效果，如图7.119所示。"

图7.119　将石雕花盆改变成金花盆

步骤01　启动Photoshop。打开本书配套光盘"素材"文件夹下的sd01.jpg图像文件，这是这是一幅石雕花盆的图像，如图7.120所示。

步骤02　将背景图层复制；在菜单栏选择【图像】|【调整】|【去色】命令，观察到图像转换为黑白色调，如图7.121所示。

图7.120　打开一幅石雕花盆的图像　　　　图7.121　去色后的图像效果

步骤03　在菜单栏选择【图像】|【调整】|【渐变映射】命令，打开【渐变映射】对话框，设置渐变映射的渐变色，如图7.122所示。

步骤04　在菜单栏选择【图像】|【调整】|【去色】命令，再选择【图像】|【调整】|【自动对比度】命令，效果如图7.123所示。

图7.122　添加【渐变映射】效果

图7.123　去色后执行【自动对比度】命令

步骤05 在【图层】面板上，单击 ▣ (创建新图层)按钮，新建一个图层，使用黄色进行填充。将该图层的【不透明度】设置为50%。复制黄色图层，将复制图层的【混合模式】设置为【颜色】，如图7.124所示。

步骤06 可根据自己对颜色的喜好再次微调两个图层的【不透明度】参数，使图像中的石雕花盆呈现金属的质感，满意后将两个黄色图层与【背景 拷贝】图层合并。此时图像中共有两个图层，如图7.125所示。

图7.124　设置复制图层的混合模式

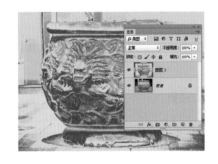

图7.125　石雕花盆呈现金属质感

步骤07 在工具栏中选择 ▽ (多边形套索)工具，选中花盆区域，在菜单栏选择【选择】|【反向】命令，将花盆以外的区域选中。在键盘上按Delete键将其删除。此时图像的效果如图7.126所示。

步骤08 在菜单栏选择【图像】|【调整】|【曲线】命令，打开【曲线】对话框，调整曲线形状，如图7.127所示。单击【确定】按钮，观察到图像的中间色调的对比度增加，金花盆的质感变得更加强烈。

图7.126　删除花盆以外的区域

图7.127　使金花盆的质感更加强烈

步骤09→ 在工具栏中选择 🔍 (缩放)工具,将图像放大显示,对于金属质感不明显的区域,在工具栏中选择 🖐 (加深)工具或 🖐 (减淡)工具进行细致的修改,如图7.128所示。本例石雕花盆变金花盆的最终效果如图7.129所示。

图7.128　对图像进行细致修改　　　　　　　　图7.129　本例的最终效果

7.9　长眼睛的鸡蛋

"怎样将两种质感不同的物体图像进行融合呢?一般来讲,首先要调整其中一个物体图像的质感,使它接近另一个物体的质感,再用图层蒙版的功能进行融合。本例将人物眼睛的图像和鸡蛋的图像进行融合,效果如图 7.130 所示。"

图7.130　鸡蛋的原始图像和与人物眼睛融合后的图像

步骤01→ 启动Photoshop。打开本书配套光盘的"素材"文件夹下的jd01.jpg图像文件,这是一幅鸡蛋的图像,如图7.131所示。

步骤02→ 打开本书配套光盘"素材"文件夹下的yj01.jpg图像文件,这是一幅眼睛的图像;将眼睛区域选中并复制到鸡蛋图像中,如图7.132所示。

图7.131　鸡蛋的图像　　　　　　　图7.132　复制眼睛图像到鸡蛋图像中

步骤03 在菜单栏选择【图像】|【调整】|【去色】命令，观察到彩色的眼睛图像变成了黑白的灰度图像，如图7.133所示。

步骤04 在工具栏选择 (矩形选框)工具，在选项栏中将【羽化】参数设置为20像素，框选眼睛左侧较暗的区域；在菜单栏选择【图像】|【调整】|【亮度/对比度】命令，向右调节亮度滑块适当增加该区域的亮度，如图7.134所示。

图7.133　将眼睛图像去色　　　　　　图7.134　适当增加选区内图像的亮度

步骤05 取消图像中的选区；在【图层】面板上单击 (添加图层蒙版)按钮为眼睛图层添加蒙版，在工具栏选择 (画笔)工具，设置该工具的【流量】为60%，用黑色在眼睛周围的区域进行绘制，使眼睛周围的区域变得透明，如图7.135所示。

步骤06 打开本书配套光盘"素材"文件夹下的yj02.jpg图像文件，这是一幅闭眼的图像；将眼睛区域选中并复制到鸡蛋图像中，如图7.136所示。

图7.135　添加图层蒙版　　　　　　　图7.136　复制眼睛图像到鸡蛋图像中

步骤07 使用上面步骤中的操作方法将眼睛去色，并用添加图层蒙版的方法隐藏眼睛周围的区域，如图7.137所示。本例最终效果如图7.138所示。

图7.137　添加图层蒙版

图7.138　眼睛与鸡蛋合成的效果

7.10　逃出画框的动物

"本例首先绘制画框，再将鹰与蟒蛇的图像与画框合成，巧妙地保留鹰与蟒蛇超出画框的部分区域，得到鹰和蟒蛇逃离画框并相互争斗的视觉效果，如图 7.139 所示。"

图7.139　逃出画框的动物的最终效果

步骤01 启动Photoshop。打开本书配套光盘"素材"文件夹中的xxa01.jpg文件，这是一幅桌面图像，如图7.140所示。

步骤02 在【图层】面板上单击　(创建新图层)按钮，新建一个图层。在图层中绘制矩形选区，使用白色在选区中进行填充，形成白色矩形图案；将选区收缩10像素，在键盘上按下删除键，形成一个白色的矩形框图案，如图7.141所示。

 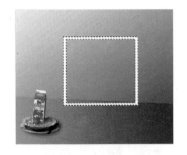

图7.140　打开一幅桌面图像　　　图7.141　绘制一个白色的矩形框

步骤03　双击白色矩形所在图层栏，打开【图层样式】面板。勾选【斜面和浮雕】选项，将【大小】设置为4像素，【角度】设置为30度，如图7.142所示。单击【确定】按钮，观察到白色矩形产生了立体边框效果，如图7.143所示。

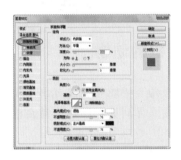 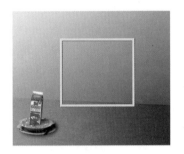

图7.142　【斜面和浮雕】设置对话框　　图7.143　白色矩形产生了立体边框效果

步骤04　在菜单栏选择【编辑】|【变换】|【透视】命令，向下拖动调节框左上角，使矩形下边线与桌面水平线平行。在菜单栏选择【编辑】|【变换】|【缩放】命令，调整矩形边框的大小和位置，如图7.144所示。

步骤05　将矩形边框所在图层拖动到 ◻ (创建新图层)按钮上，复制该图层。在菜单栏上执行【编辑】|【变换】|【扭曲】命令，调整复制矩形边框图形的形状，如图7.145所示。

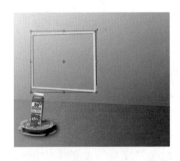 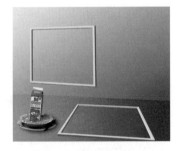

图7.144　调整矩形边框的大小和位置　　图7.145　调整复制矩形边框的形状

步骤06　将两个矩形边框图层合并为一个图层；再将合并后的矩形边框图层复制，将排列在下层的矩形边框调整成黑色，使用 ▸✛ (移动)工具调整黑色矩形图形的位置，使其形成矩形边框在桌面和墙壁上的投影，如图7.146所示。

步骤07 在菜单栏选择【滤镜】|【模糊】|【高斯模糊】命令，打开【高斯模糊】对话框。设置适当的模糊半径，使墙壁上的投影变得模糊一些，效果如图7.147所示。

图7.146 提取选区并使用黑色填充　　图7.147 矩形边框产生投影效果

步骤08 打开本书配套光盘"素材"文件夹中的xxa02.jpg文件，这是一幅巨鹰与蟒蛇相斗的图像，如图7.148所示。

步骤09 在工具栏上选择 ▶＋ (移动)工具，将巨鹰与蟒蛇相斗图像拖动到桌面图像中。在【图层】面板上，降低巨鹰与蟒蛇相斗图层的不透明度，如图7.149所示。

图7.148 打开巨鹰与蟒蛇相斗的图像　　图7.149 降低巨鹰与蟒蛇图层的不透明度

步骤10 在工具栏上选择 ♥ (多边形套索)工具，选择墙面矩形边框外的部分图形区域，在键盘上按Delete键删除，如图7.150所示。

步骤11 在工具栏上选择 ♥ (多边形套索)工具，选择墙面矩形边框外围除鹰图形外的区域，在键盘上按Delete键删除。在【图层】面板上，将巨鹰图层的不透明度的恢复为100%，此时图形效果如图7.151所示。

图7.150 删除矩形边框外的部分区域　　图7.151 恢复图层不透明度后的效果

步骤12 在工具栏上选择 （移动）工具，将巨鹰与蟒蛇相斗图像再次拖动到桌面图像中，并降低该图层的不透明度。调整蟒蛇图像的位置，如图7.152所示。

步骤13 在工具栏上选择 （多边形套索）工具，选择桌面矩形边框外围蟒蛇图形外的区域，在键盘上按Delete键删除，如图7.153所示。

图7.152　调整导入图层的位置　　　　图7.153　删除蟒蛇外的图形

步骤14 在工具栏上选择 （多边形套索）工具，仔细选择桌面矩形边框外围蟒蛇图形外的区域，在键盘上按Delete键删除。在【图层】面板上，将蟒蛇图层的不透明度的恢复为100%，此时图形效果如图7.154所示。

步骤15 选择巨鹰图形所在图层，在菜单栏选择【图像】|【调整】|【色彩平衡】命令，将巨鹰图形向暖色调调整；选择蟒蛇图形所在图层，在菜单栏选择【图像】|【调整】|【亮度/对比度】命令，提高蟒蛇图形的亮度，最终效果如图7.155所示。

图7.154　调整蟒蛇图层的不透明度　　　图7.155　逃出画框的动物的最终效果

7.11　变成鞋子的芒果

　　"一位诗人说过，艺术家是有多种办法将不相关的事物联系在一起的。在本例中，芒果和鞋子是两种不相关的物体，而图像的设计者却有办法把它们联系起来，这也是一种创造吧。制作这幅图像时，绘制鞋带在芒果上留下的阴影很重要，它使这幅不太可能存在的芒果鞋显得很真实。芒果的原始图像和变成鞋子后的效果如图7.156所示。"

图7.156　芒果的原始图像和变成鞋子后的效果

步骤01► 启动Photoshop。打开本书配套光盘"素材"文件夹下的mg01.jpg图像文件，这是一幅芒果的图像，如图7.157所示。

步骤02► 在【图层】面板上单击 ▣ (创建新图层)按钮新建一个图层，在工具栏上选择 ✐ (钢笔)工具，在图像中绘制路径图形，然后在图形中填充淡棕色，如图7.158所示。

图7.157　一幅芒果的图像　　　　图7.158　在路径图形中填充淡棕色

步骤03► 删除图像中的路径线条；选择淡棕色区域的上边界区域，在菜单栏选择【图像】|【调整】|【亮度/对比度】命令，降低上边界区域的亮度，使其成为深棕色。此时图像的效果如图7.159所示。

步骤04► 选择淡棕色区域，在菜单栏选择【滤镜】|【纹理】|【颗粒】命令，图像的效果如图7.160所示。

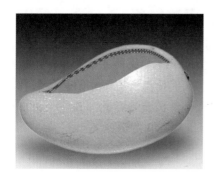

图7.159　降低上边界区域的亮度　　　　图7.160　执行【颗粒】滤镜的效果

步骤05 取消图像中的选区；在工具栏上选择 (加深)工具，在淡棕色区域的下部拖动鼠标，使该区域的颜色变暗，如图7.161所示。

步骤06 打开本书配套光盘"素材"文件夹下的xd01.jpg图像文件，这是一幅鞋的局部图像，选择鞋面区域，将其复制到芒果图像中；使用【自由变换】命令调整它的角度和位置，如图7.162所示。

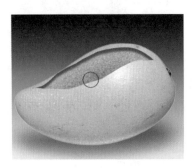 

图7.161 使用加深工具使颜色变暗　　　　图7.162 复制鞋面区域到图像中

步骤07 选择鞋带以外的区域，在键盘上按Delete键将其删除，此时图像的效果如图7.163所示。

步骤08 在【图层】面板上单击 (创建新图层)按钮新建一个图层，并将新图层排列在鞋带图层下方；在工具栏上选择 (画笔)工具，将笔刷的【不透明度】设置为30%，用黑色在图像中绘制鞋带的阴影。本例的最终效果如图7.164所示。

图7.163 删除鞋带以外的区域　　　　图7.164 在鞋带图层下方绘制阴影

7.12　烘托画面的气氛

　　"在制作招贴画、平面广告时，经常使用某些滤镜对图像的背景图层进行处理以烘托画面的气氛。本例使用云彩、水彩滤镜制作画面的背景，再使用透明彩虹渐变填充来改变画面的颜色，最终使画面的整体气氛与人物的表情相协调，效果如图7.165所示。"

图7.165　烘托画面的气氛的原图与最终效果图

7.12.1　操作步骤

步骤01 启动Photoshop。打开本书配套光盘"素材"文件夹中的xxb01.jpg文件，这是一幅女性人物图片，如图7.166所示。

步骤02 将人物图形选中，在图像中单击鼠标右键，在弹出的快捷菜单中选择【通过拷贝的图层】命令，将人物图形复制到新的图层。新建一个图层，使用黑色进行填充。将黑色图层拖动到人物图层之下，此时图形效果如图7.167所示。

图7.166　打开一幅女性人物图片　　　图7.167　调整图层顺序后的图形效果

步骤03 在工具栏中选择 ✎ (画笔)工具，打开画笔设置面板。单击【形状动态】选项栏，设置【大小抖动】为100%；单击【散布】选项栏，设置【散布】为800，其他参数设置如图7.168所示。

步骤04 将前景色设置为白色。选择黑色图层，在【图层】面板上，单击 ⬚ (创建新图层)按钮，新建一个图层，使用 ✎ (画笔)工具在人物图形周围拖动鼠标绘制白色圆点；在人物图层之上再次新建一个图层，使用 ✎ (画笔)工具绘制白色圆点，效果如图7.169所示。

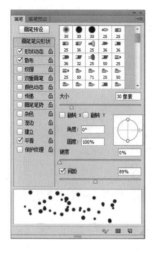

图7.168　【画笔】设置面板　　　　　图7.169　使用画笔绘制圆点后的效果

步骤05 在键盘上按住Ctrl键，单击白色圆点图层缩略图窗口，提取白色圆点选区；在工具栏中选择 □ (渐变)工具，设置渐变色效果为透明彩虹的线性渐变。从左上方向右下角拖动鼠标，为白色圆点填充渐变色，效果如图7.170所示。

步骤06 打开【图层样式】面板，单击【斜面和浮雕】选项栏，为圆点图案制作斜面和浮雕效果。在菜单栏选择【图像】|【调整】|【色相/饱和度】命令，打开【色相/饱和度】对话框，拖动调节滑块适当调整圆点图形的饱和度和明度，如图7.171所示。

图7.170　为白色圆点填充渐变色　　　　　图7.171　调整圆点图形的饱和度和明度

步骤07 在图层面板上选择黑色图层，在菜单栏选择【滤镜】|【渲染】|【云彩】命令，为黑色背景添加云彩滤镜效果，如图7.172所示。

步骤08 在菜单栏选择【滤镜】|【风格化】|【凸出】命令，打开【凸出】对话框，设置参数如图7.173所示，单击【确定】按钮。

图7.172　为黑色背景添加云彩滤镜效果　　　　　　　图7.173　添加【凸出】滤镜效果

步骤09▶ 在菜单栏选择【滤镜】|【艺术效果】|【水彩】命令，打开【水彩】对话框，将【画笔细节】设置为10，【纹理】设置为2，单击【确定】按钮，此时图像的效果如图7.174所示。

步骤10▶ 打开本书配套光盘"素材"|"第7章"文件夹下的xxb02.jpg图像，这是一幅砖墙的图片，将其复制到人物图像中，效果如图7.175所示。

图7.174　添加水彩滤镜后的图像效果　　　　　　　图7.175　复制砖墙图像到人物图像中

步骤11▶ 在【图层】面板上为墙砖图层添加蒙版；在菜单栏上执行【滤镜】|【渲染】|【云彩】命令，此时图形效果如图7.176所示。

步骤12▶ 在菜单栏上执行【图像】|【调整】|【亮度/对比度】命令，打开【亮度/对比度】对话框。调整蒙版中云彩的亮度、对比度，从而使该蒙版控制的砖墙图层出现局部透明的效果，如图7.177所示。

图7.176 为砖墙添加云彩蒙版

图7.177 砖墙图层出现局部透明的效果

步骤13 在【图层】面板上，单击 ▣（创建新图层）按钮，新建一个图层，使用透明彩虹的线性渐变进行填充。在【图层】面板上，设置渐变色图层的【混合模式】为【颜色】，图层不透明度为40%，如图7.178所示。

步骤14 观察到使用多种滤镜对图像的背景图层进行处理后，画面的热烈气氛被烘托出来，最终效果如图7.179所示。

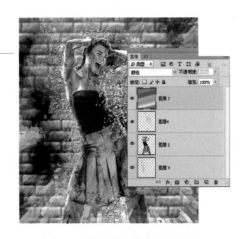
图7.178 设置渐变色图层后的效果

图7.179 烘托画面气氛的最终效果

7.12.2 现场问与答

印刷或打印前怎样调整图像的颜色？

"我常常遇到这样的情况：在电脑里明明是很鲜艳的颜色，打印出来却不怎么鲜艳了，有时甚至改变了颜色。这是怎么回事？"

"在印刷系统中，没有哪种设备能够印刷出人眼可以看见的所有范围的颜色。每种印刷设备都在一定的色彩空间内工作，只能再现出某一范围的颜色。一般来讲，电脑显示器使用的RGB的色域较印刷系统使用的 CMYK 色域要宽；如果 RGB 色域中的一些颜色超出了 CMYK 的色域，那么这些颜色就无法打印出来。

当不能打印的颜色显示在屏幕上时，称其为溢色（超出 CMYK 色域范围）。那么怎样识别溢色呢？打开拾色器，用吸管工具在图像中选取一种颜色，如果在当前颜色窗口的右侧出现了 ⚠ 图标，就说明这种颜色已经溢色了。如图 7.180 所示。利用【色域警告】命令识别溢色更为迅速，在菜单栏选择【视图】|【色域警告】命令，图像中溢色的区域立即会显示出来，如图 7.181 所示。

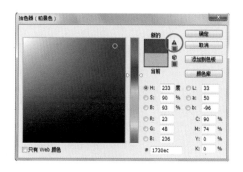

图7.180　惊叹号表示发生了溢色　　　　　图7.181　显示出溢色区域

为了避免过多的溢色发生，作图时要对较为饱和的颜色做溢色检查。发现图像中有溢色时，可以采用色彩调节命令进行手工纠正。

在印刷前，我们通常将图像转换为 CMYK 模式。Photoshop 提供了色彩管理系统，这使得 RGB 色彩与 CMYK 色彩可以根据不同的输出设备进行更精确的转换。在菜单栏选择【编辑】|【颜色设置】命令，弹出【颜色设置】对话框，调整它的参数，可以指定输出设备的油墨颜色、网点补正、分色类型和黑版产生。对于一般的 PC 用户，可以参照图 7.182 进行设置。"

图7.182　【颜色设置】对话框